PUTONG GAODENG
YUANXIAO
JISUANJI JICHU JIAOYU
XILIE JIAOCAI

普通高等院校
计算机基础教育系列教材

计算机文化基础

JISUANJI WENHUA JICHU

主　编　任德齐　何　婕

副主编　龚　卫　蔡　西

参　编　胡芳霞　唐春玲　陈虹宇

重庆大学出版社

内容提要

本教材采用任务驱动的方式进行编写,任务的安排由易到难,循序渐进,自成一体。任务主要采用"提出任务——分析该任务要用到的理论知识点——阐述完成任务的步骤——对本次任务进行总结分析"的方法进行编写。每一章节均有实训项目和练习题,学生通过课后实训,进一步加强操作、提高动手能力;而练习题则是对学生的理论知识的巩固,也为计算机等级考试的理论部分提供参考。本书分为九个部分:计算机的发展历史和展望、文字处理软件 Word 的功能与应用、电子表格软件 Excel 的功能与应用、电子演示文稿软件 PowerPoint 的功能和使用、数据库软件 Access 应用、计算机网络基础、多媒体基础知识、计算机安全防护、计算机常用软件应用。

本书适用于高等院校各专业本专科作为计算机基础课程教材,同时可作为计算机专业本专科学生、计算机应用开发人员、计算机等级考试应试者在学习计算机基础知识时的参考用书。

图书在版编目(CIP)数据

计算机文化基础/任德齐,何婕主编 . —重庆:重庆大
学出版社,2013.2(2014.9 重印)
普通高等院校计算机基础教育系列教材
ISBN 978-7-5624-7216-2

Ⅰ.计… Ⅱ.①任…②何… Ⅲ.①电子计算机—高等学校
—教材 Ⅳ.①TP3

中国版本图书馆 CIP 数据核字(2013)第 020031 号

计算机文化基础

任德齐 何 婕 主编
龚 卫 蔡 西 副主编
策划编辑:王 勇
责任编辑:杨 漫 陈一柳 版式设计:李 懋
责任校对:邹 忌 责任印制:赵 晟
*
重庆大学出版社出版发行
出版人:邓晓益
社址:重庆市沙坪坝区大学城西路 21 号
邮编:401331
电话:(023)88617190 88617185(中小学)
传真:(023)88617186 88617166
网址:http://www.cqup.com.cn
邮箱:fxk@cqup.com.cn(营销中心)
全国新华书店经销
POD:重庆新生代彩印技术有限公司
*
开本:787×1092 1/16 印张:16.25 字数:406 千
2013 年 2 月第 1 版 2014 年 9 月第 3 次印刷
ISBN 978-7-5624-7216-2 定价:30.00 元

前言

　　随着计算机科学、信息技术的飞速发展和计算机的普及教育，高校的计算机基础教育已踏上了新的台阶，步入了一个新的发展阶段，各专业对学生的计算机应用能力提出了更高的要求。为了适应这种新发展，我们根据教育部计算机基础教学指导委员会《关于进一步加强高等学校计算机基础教学的意见》，结合《中国高等院校计算机基础教育课程体系》报告，编写了本教材。

　　参加本书编写的作者是多年从事一线教学的教师，具有较为丰富的教学经验。在编写时注重理论与实践紧密结合，注重实用性和可操作性；在案例的选取上注意从学生们的日常学习和工作的需要出发；文字叙述上深入浅出，通俗易懂。

　　本教材采用任务驱动的方式进行编写，任务的安排由易到难，循序渐进，自成一体。任务主要采用"提出任务——分析该任务要用到的理论知识点——阐述完成任务的步骤——对本次任务进行总结分析"的方法进行编写，使得学生的理论和实践不脱节，学生针对任务，知道用哪些知识点去解决它，同时也锻炼的学生分析问题、解决问题的能力。每一章节均有实训项目和练习题，课程安排完整，学生通过课后实训，进一步加强操作、提高动手能力；而练习题则是对学生的理论知识的巩固，也为计算机等级考试的理论部分提供参考。

　　本书由重庆工商职业学院电子信息工程学院任德齐教授主编。根据编委会的分工和安排，参与各章编写的老师主要有：胡方霞、龚卫（第1章），唐春玲（第2章、第8章），何婕、陈虹宇（第3章），蔡茜（第4章、第5章）、何婕（第6章、第7章），龚卫（第9章、第10章）。由于本教材的知识面较广，要将众多的知识很好地贯穿起来，难度较大，不足之处在所难免。为便于以后教材的修订，恳请专家、教师及读者多提宝贵意见。

编委会

2012 年 12 月

目录

第一章　绪论

随着信息时代的到来,计算机的应用已遍及生产、管理、科研、教育、生活等领域,从根本上改变了人类的生活方式,成为现代化的重要技术支柱。同时,计算机的应用知识已经和语文、数学等基础学科知识一样,成为现代知识结构和智能结构中不可缺少的重要部分。了解计算机的发展史,熟悉它的运行机制,是学好计算机必备的基础。本章主要介绍计算机的发展历程、计算机的基本特点、计算机的分类和应用领域、计算机中信息的表示与存储、二进制数的算术运算和逻辑运算、计算机中数制及数制间的转换。

知识目标

◆　了解计算机的发展与应用。
◆　掌握计算机的分类。
◆　掌握进位计数制的概念。
◆　掌握数制之间的相互转换。
◆　掌握信息在计算机中的表示。
◆　掌握冯·诺依曼原理。
◆　掌握计算机系统的组成。

能力目标

◆　熟练运用"除2取余"法、"乘2取整"法实现十进制与二进制之间的转换。
◆　熟练运用键盘实现中英文录入。

第一节　计算机概述

一、计算机的发展

计算机从诞生至今,可以分为4个时代:

第一代:电子管计算机时代(1946—1956)

1946 年 2 月 14 日,现代计算机 ENIAC(The Electronic Numerical Integrator And Computer)在美国费城被研制成功。ENIAC 由美国政府和宾夕法尼亚大学合作开发,代表了计算机发展史上的里程碑。第一代计算机的特点是使用真空电子管和磁鼓储存数据,每种机器有各自不同的机器语言,速度慢。

第二代:晶体管计算机时代(1956—1963)

1956 年,晶体管在计算机中使用,晶体管和磁芯存储器导致了第二代计算机的产生。第二代计算机的特点是体积小、速度快、功耗低、性能更稳定。

第三代:集成电路计算机时代(1964—1971)

1964 年,美国 IBM 公司研制成功第一个采用集成电路的通用电子计算机系列 IBM360系统。这一时期计算机使用了操作系统,计算机在中心程序的控制协调下可以同时运行不同的程序。

第四代:大规模集成电路计算机时代(1971 至今)

大规模集成电路(LSI)可以在一个芯片上容纳几百个元件,超大规模集成电路(VLSI)可以在芯片上容纳几十万个元件,ULSI 将数字扩充到百万级。这个时代计算机的体积和价格不断下降,功能和可靠性不断增强。基于"半导体"的发展,1972 年,第一部真正的个人计算机诞生了。

二、计算机的特点

- 运算速度快:运算速度是指计算机每秒能够执行多少条指令,常用的单位是 MIPS,即每秒钟能够执行多少百万条指令。例如,主频为 2 GHz 的 Pentium 4 处理器的运算速度是 4 000 MIPS,即每秒钟 40 亿次。
- 计算精度高:计算的精度由计算机的字长和采用计算的算法决定。电子计算机的计算精度在理论上不受限制,一般的计算机均能达到 15 位有效数字,通过一定的技术手段,可以实现任何精度要求。
- 记忆能力强:计算机中有许多存储单元,用以记忆信息。内部记忆能力,是电子计算机和其他计算工具的一个重要区别。
- 逻辑判断能力强:借助于逻辑运算,可以让计算机做出逻辑判断,分析命题是否成立,并可根据命题成立与否做出相应的对策。

三、计算机的分类

1. 按工作原理分类

- 电子数字计算机:通过由数字逻辑电路组成的算术逻辑运算部件对数字量进行算术逻辑运算。

● 电子模拟计算机:通过由运算放大器构成的微分器、积分器,以及函数运算器等运算部件对模拟量进行运算处理。

2. 按用途分类

● 通用计算机:根据普遍的需要来设计的,可满足一般用户的大部分要求,适应性强。
● 专用计算机:专门针对某种特定用途设计的,在软硬件的选择上都针对该种用途进行最有效、经济、适宜的匹配,适应性差。

3. 按规模分类

按规模分为巨型机、大型机、中型机、小型机、微型机和单片机。
我们最常用的是掌上电脑、台式机电脑和笔记本电脑(见图1-1,图1-2,图1-3)。

图1-1　掌上电脑　　　图1-2　台式机电脑　　　图1-3　笔记本电脑

四、计算机的应用领域

随着计算机技术的发展,计算机的应用已渗透到国民经济的各个领域,这里主要有以下5个方面。

● 科学计算:科学计算也称数值运算。计算机最初的目的是科学计算,即帮助科技工作者解决在科学研究或生产建设中遇到的各种各样的数学问题。
● 信息处理:信息处理也称事务数据处理。计算机有海量的外存设备,能快速处理各种数据,可以对数据进行加工、分析、存储等。
● 过程控制:过程控制指对动态过程进行控制、指挥和协调。计算机通过监测装置及时搜集被控制对象运行情况的相关数据,经分析处理后,按照最佳规律发出控制信号,控制过程的进展。
● 辅助工程:帮助人们提高设计质量、缩短设计周期、减少设计差错,常用于建筑、桥梁、电子线路、集成电路等设计中。包括计算机辅助设计(Computer Aided Design,CAD)、计算机辅助制造(Computer Aided Manufacturing,CAM)、计算机辅助测试(Computer Aided Test,CAT)、计算机辅助教学(Computer Aided Instruction,CAI)等。
● 人工智能:人工智能指探索计算机模拟人的感觉和思维规律的科学。它是计算机科学、控制论、心理学、仿真技术等多个学科的产物。

第二节 计算机中信息的表示

一、数制及数制间的转换

计算机中的数据、信息都是用二进制形式编码表示的,而日常生活中人们习惯用十进制数来表示数据。所以,必须熟悉计算机中数据的表示方式,并掌握计算机中常用的二进制、八进制、十进制、十六进制数之间的相互转换。

1. 进位计数制

进位计数制指用一组固定的数字和一套统一的规则来表示数目的方法。在计算机中,我们用到的数制有二进制、八进制、十进制和十六进制。为了表达方便,常在数字后面加上一个字母后缀,标识不同进制的数。十进制数,在数的后面加上字母 D;二进制数,在数的后面加上字母 B;八进制数,在数的后面加上字母 O;十六进制数,在数的后面加上字母 H,详见表1-1。

表1-1 常用进制

名　　称	表示符号	基本代码符号	进位规律
十进制	D	0,1,2,3,4,5,6,7,8,9	逢十进一,借一当十
二进制	B	0,1	逢二进一,借一当二
八进制	O	0,1,2,3,4,5,6,7	逢八进一,借一当八
十六进制	H	0,1,2,3,4,5,6,7,8,9,A,B,C,D,E,F	逢十六进一,借一当十六

2. 十进制数转换成二进制、八进制、十六进制数

十进制数转换成二进制数、八进制、十六进制时,整数部分的转换与小数部分的转换要分别进行。

（1）十进制整数转换成二进制、八进制、十六进制整数

十进制整数转换成二进制整数的方法是采用"除2取余"法,即反复除以2直到商为0,所得的各次余数就是二进制数的各位数。先得到的是低位,后得到的是高位。我们习惯上把二进制、八进制、十六进制数统称为 R 进制。十进制整数转换成 R 进制数方法是采用"除R取余"法。

例1:将十进制数46分别转换成二进制数、八进制和十六进制。

解1:转换过程如下:

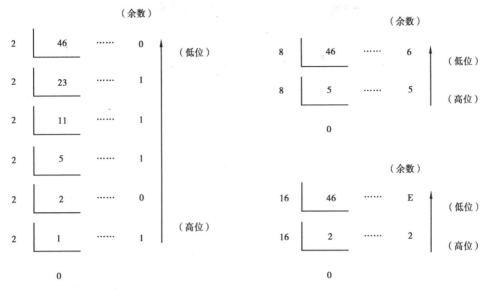

所以,$(46)_{10} = (101110)_2 = (56)_8 = (2E)_{16}$

(2)十进制小数转换成二进制、八进制、十六进制小数

十进制小数转换成二进制小数的方法是采用"乘2取整"法,即反复乘以2取整数,直到小数为0或达到精度要求为止,所取出的各次整数就是二进制数的各位数。先得到的是高位,后得到的是低位。十进制小数转换成R进制小数方法是采用"乘R取整"法。

例2:将十进制数0.375转换成二进制、八进制、十六进制数。

解:过程如下:

```
        0.375
         ×2
     ─────────
        0.750      ……取整数部分0      （高位）
        0.75       （小数部分为0.75）
         ×2
     ─────────
        1.50       ……取整数部分1
        0.5        （小数部分为0.5）
         ×2
     ─────────
        1.0        ……取整数部分1      （低位）
        0.0        （小数部分为0结束）
```

所以,$(0.375)_{10} = (0.011)_2$

综合以上两个例子,十进制数$(46.375)_{10}$转换成二进制数为:$(46.375)_{10} = (101110.011)_2$。

十进制小数转换为八进制、十六进制小数,我们通常先将十进制小数转换成二进制小数,然后再转换为八进制、十六进制小数。

在十进制数中存在着无限循环小数和无限不循环小数,所以在R进制中也同样存在无限循环小数和无限不循环小数,在进行转换时,按要求精确到所要求的位数即可。

3. 二进制数、八进制、十六进制数转换为十进制数

方法为:按权展开。

例如$(1001.11)_2 = 1 \times 2^3 + 0 \times 2^2 + 0 \times 2^1 + 1 \times 2^0 + 1 \times 2^{-1} + 1 \times 2^{-2} = (9.75)_{10}$

$(1232.5)_8 = 1 \times 8^3 + 2 \times 8^2 + 3 \times 8^1 + 2 \times 8^0 + 5 \times 8^{-1} = (666.625)_{10}$

$(1B2.C)_{16} = 1 \times 16^2 + 11 \times 16^1 + 2 \times 16^0 + 12 \times 16^{-1} = (434.75)_{10}$

4. 二进制数与八进制数、十六进制数的相互转换

1位八进制数对应3位二进制数,1位十六进制数对应4位二进制数。二进制数转换成八进制数的方法是:以小数点为基准,整数部分从右至左,每3位一组,最高位不足3位时,前面补0;小数部分从左至右,每3位一组,不足3位时,后面补0,每组对应一位八进制数。反之,八进制转换为二进制也成立。

同理,二进制数转换成十六进制数的方法是:以小数点为基准,整数部分从右至左,每4位一组,最高位不足4位时,前面补0;小数部分从左至右,每4位一组,不足4位时,后面补0,每组对应一位十六进制数。反之,十六进制转换为二进制也成立。

例如:$(20.05)_8 = (010000.000101)_2$　　$(11101.1110101)_2 = (1D.EA)_{16}$

图1-4、图1-5分别给出了其转换过程。

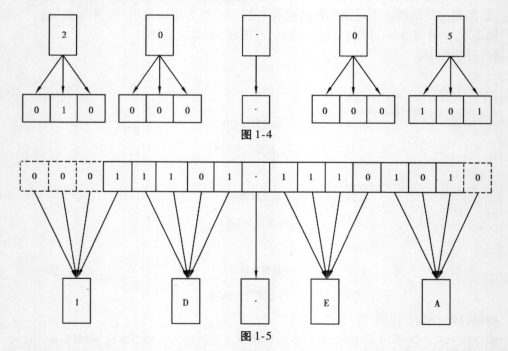

图1-4

图1-5

八进制与十六进制之间的转换,我们通常先将八(十六)进制转换为二进制,然后再按照二进制转换为八(十六)进制方法进行转换。各种进制数码对照表见表1-2。

表 1-2　各种进制数码对照表

十进制	二进制	八进制	十六进制	十进制	二进制	八进制	十六进制
0	0	0	0	9	1001	11	9
1	1	1	1	10	1010	12	A
2	10	2	2	11	1011	13	B
3	11	3	3	12	1100	14	C
4	100	4	4	13	1101	15	D
5	101	5	5	14	1110	16	E
6	110	6	6	15	1111	17	F
7	111	7	7	16	10000	20	10
8	1000	10	8	17	10001	21	11

十进制转换为二进制,我们采用的方法为"除 2 取余"法。调查表明,这种方法对小于 50 的数值效率较高,但对一个 3 位甚至 4 位的十进制数就显现出很大的局限性。

在十进制数转换为二进制数过程中,有如下规律:

$(2)_{10} = 2^1 = (10)_2$　　　　　　$(0.5)_{10} = 2^{-1} = (0.1)_2$

$(4)_{10} = 2^2 = (100)_2$　　　　　　$(0.25)_{10} = 2^{-2} = (0.01)_2$

$(8)_{10} = 2^3 = (1000)_2$　　　　　$(0.125)_{10} = 2^{-3} = (0.001)_2$

$(16)_{10} = 2^4 = (10000)_2$　　　　$(0.0625)_{10} = 2^{-4} = (0.0001)_2$

$(32)_{10} = 2^5 = (100000)_2$　　　$(0.03125)_{10} = 2^{-5} = (0.00001)_2$

$(64)_{10} = 2^6 = (1000000)_2$　　$(0.015625)_{10} = 2^{-6} = (0.000001)_2$

二、信息的存储单位

计算机中信息的表示单位常采用位、字节、字和字长等。

- 位(bit):bit 是二进制的一位,它是信息表示中的最小单位。
- 字节(byte,缩写为大写字母 B):字节是计算机中的基本存储单位,一个字节由 8 位二进制位构成(1B = 8bit)。

计算机的信息存储单位常用的有 kB、MB 和 GB。

1 kB $= 2^{10} = 1024$ B

1 MB $= 1024$ kB $= 2^{20}$ B

1 GB $= 1024$ MB $= 2^{30}$ B

- 字(word):计算机信息交换、加工、存储的基本单元。一个字由一个字节或若干个字节构成,可以表示数据代码、字符代码、操作码地址和它们的组合。计算机用"字"来表示数据或信息的长度。
- 字长:一般是指计算机的中央处理器(CPU)中每个字所包含的二进制数的位数或包含的字符的数目。它代表了机器的精度和速度。常见的字长有 8,16,32,64 位等。目前微机的字长为 64 位。

三、非数值信息的表示

在计算机内部,非数值信息如文字、声音、图形、图像、动画、视频等,也是采用 0 和 1 两个符号来进行编码表示的。下面着重介绍中、西文的编码方案。

1. ASCII 码

ASCII(American Standard Code for Information Interchange)码,"美国标准信息交换码"的简称,是目前国际上最为流行的字符信息编码方案。ASCII 码包括 0 ~ 9 共 10 个数字、52 个大小写英文字母、32 个标点符号和运算符以及 34 种控制字符(如回车、换行等)。一个字符的 ASCII 码由 7 位二进制数编码组成,所以 ASCII 码最多可表示 $2^7 = 128$ 个不同的符号。ASCII 码表见表 1-3。

表 1-3　ASCII 码表

高4位 低4位	000	001	010	011	100	101	110	111
0000	NUL	DLE	SP	0	@	P	`	p
0001	SOH	DC1	!	1	A	Q	a	q
0010	STX	DC2	"	2	B	R	b	r
0011	ETX	DC3	#	3	C	S	c	s
0100	EOT	DC4	$	4	D	T	d	t
0101	ENQ	NAK	%	5	E	U	e	u
0110	ACK	SYN	&	6	F	V	f	v
0111	BEL	ETB	'	7	G	W	g	w
1000	BS	CAN	(	8	H	X	h	x
1001	HT	EM	)	9	I	Y	i	y
1010	LF	SUB	*	:	J	Z	j	z
1011	VT	ESC	+	;	K	[	k	{
1100	FF	FS	,	<	L	\	l	|
1101	CR	GS	–	=	M	]	m	}
1110	SO	RS	.	>	N	^	n	~
1111	SI	US	/	?	O	—	o	DEL

2. 汉字编码

计算机处理汉字信息的前提条件是对每个汉字进行编码,这些编码统称为汉字编码。

● 国标码:我国国家标准局于 1981 年 5 月颁布了《信息交换用汉字编码字符集——基

本集》,国家标准代号为 GB 2312—80,习惯上称国标码。其编码原则为:汉字用两个字节表示,每个字节用 7 位码(高位为 0)。国际码包括 6 763 个汉字和 682 个图形字符。

● 区位码:将 GB 2312—80 的全部字符集排列在一个 94 行 94 列的二维代码表中,每两个字节分别用两位十进制编码,第一字节的编码称为区码,第二字节的编码称为位码。

● 机内码:为了避免 ASCII 码和国标码同时使用时产生二义性问题,将国标码每个字节高位置 1 作为汉字机内码。

第三节 计算机系统组成

一、计算机系统的组成及工作原理

1.计算机系统的组成

一个完整的计算机系统是由硬件系统和软件系统两部分组成。硬件系统是机器的实体,是构成计算机系统的各种物理设备的总称,又称为硬设备。软件系统是计算机的灵魂,是运行、管理和维护计算机的各类程序和文档的总和。

2.冯·诺依曼原理

1946 年,由美籍匈牙利数学家冯·诺依曼(Von Neumann)等科学家提出,又称"存储程序控制"原理。基本思想概括起来包括以下 3 点:

①采用二进制数的形式表示数据和指令。

②将程序和数据事先放在存储器中,使计算机在工作时能够自动高速地从存储器中取出指令加以执行。

③由运算器、控制器、存储器、输入设备和输出设备 5 大基本部件组成计算机,并规定了这 5 个部分的基本功能。

3.计算机的工作原理

把人们事先编写好的程序和数据通过输入设备输入到计算机的内存中,程序执行时,计算机控制器就自动从内存中逐条取出指令,对指令进行译码,然后按指令的要求,指挥控制系统硬件、软件各部分协调工作,直到完成一项任务。一条指令的执行过程可分为 3 个阶段:取指令、分析指令、执行指令。

二、硬件系统

硬件系统主要是由运算器、控制器、存储器、输入设备、输出设备 5 大基本部件组成,其工作流程如图 1-6 所示。运算器、控制器、内存储器合称为主机,这 3 个部分主要功能是信息加工、处理;输入设备、输出设备及外存储器合称为外部设备,简称为外设。

下面分别介绍硬件系统的几个基本部分:

1. 控制器(Control Unit)

控制器是计算机的指挥中心,主要包括指令寄存器、指令译码器、程序计数器、操作控制器等。控制器负责从存储器中取指令,并对指令进行翻译;根据指令的要求,按时间的先后顺序,负责向其他各部件发出控制信号;保证各部件协调一致地工作。

2. 运算器(Arithmetic Unit)

运算器是计算机的核心部件,主要负责对信息或数据进行各种加工和处理,它在控制器的控制下,与内存交换信息,并进行各种算术运算和逻辑运算。运算器还具有暂存运算结果的功能。到了第四代计算机,由于"半导体"工艺的进步,将运算器和控制器集成在一个芯片上,形成中央处理器(Central Processing Unit,CPU)。

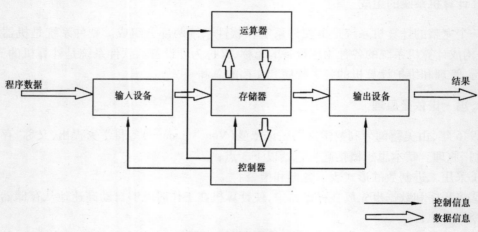

图1-6 计算机硬件系统

3. 存储器(Memory Unit)

存储器是计算机记忆或暂存数据的部件,分为主存储器(即内存)和辅助存储器(即外存),负责存放程序和数据。

(1)主存储器

主存储器由随机存储器 RAM(Random Access Memory)、只读存储器 ROM(Read Only Memory)和高速缓冲存储器(Cache)组成。

• RAM(随机存储器):主要用于存取系统运行时的程序和数据,它存放的信息可读可写。它的特点是存取速度快,但断电后其存放的信息全部丢失,无法恢复。

• ROM(只读存储器):主要用于存放一些固定的程序和数据,这些程序和数据是在计算机出厂时厂家按特殊方法写入的,一般将开机检测、系统初始化程序等固化在 ROM 中,它存放的信息只能读出不能随意写入。它的特点是断电后其中的信息也不会丢失。

● 高速缓冲存储器(Cache):用于解决内存速度与 CPU 速度不匹配的矛盾。分为一级 Cache(L1 Cache)和二级 Cache(L2 Cache),L1 Cache 集成在 CPU 内部,L2 Cache 可以焊在主板上,也可以集成在 CPU 内部。

(2)外存储器

外存储器是内存的补充和后援,存储 CPU 暂时不会用到的信息和数据,它的存储容量大。外存只同内存交换信息,而 CPU 则只和内存交换信息。外存储器较内存最显著的特点是其断电后也可长久保存信息。常用的外存包括磁盘存储器、光盘存储器和移动存储器等。其中磁盘存储器又分为软盘存储器和硬盘存储器。

● 软盘存储器:简称软盘,是一种磁介质形式的存储器,它的磁盘片被封装于一个保护套内。常用的软磁盘片直径为 3.5in①,俗称 3 寸盘,容量为 1.44 MB。软盘具有携带方便、价格便宜等优点,但存储容量一般较小,读写速度慢,无法存储大量数据,随 U 盘的出现已被淘汰。

● 硬盘存储器:简称硬盘。被固定在一个密封的盒内,由一个盘片组(包括若干张盘片)和硬盘驱动器组成。硬盘是按柱面、磁头和扇区的格式来组织和存取信息的。硬盘转速是指硬盘内主轴的转动速度,单位是 r/min(每分钟旋转次数)。目前常见的硬盘转速有 5 400,7 200 r/min 等。转速越快,硬盘与内存之间的传输速率越高。

图 1-7 和图 1-8 展示了硬盘外观和内部结构。

图 1-7　硬盘外观　　　　　图 1-8　硬盘内部结构

● 光盘存储器:光盘是利用塑料基片的凹凸来记录信息的,具有存储容量大(一般为 650 MB,DVD 光盘可达 5 GB 甚至更高)、记录密度高、读取速度快(52X 甚至更高)、可靠性高(信息保持寿命长)、环境要求低、携带方便、价格低廉的特点。光盘主要分为只读型光盘、一次写入型光盘和可重写型光盘 3 种。

● 只读型光盘是指光盘上的信息只能读取不能写入或修改,如 VCD,DVD,CD-ROM 等。

● 一次写入型光盘是指在出厂时是空白盘,用户利用刻录光驱在这种光盘上记录信息,只能写一次,写入的信息不能再改变,只能读,如 CD-R 等。

● 重写型光盘是可以重复读写。其写入和读出信息的原理随使用的介质材料不同而不同,利用光和热引起存储介质的可逆性变化来进行光盘的读写和擦除操作,如 MO(Magneto-Optic Disk 磁光盘)、PC(相变盘)等。

● 移动存储器:主要指 USB 接口存储器移动硬盘和闪存。USB 的英文全称为"Univer-

① 　in = 2.54 cm

sal Serial Bus",中文通常称为"通用串行总线"接口。

● 移动硬盘实质上就是将笔记本硬盘加上移动硬盘盒构成。利用它,可以将大量数据随身携带,弥补了计算机硬盘容量的不足。

● 闪存(Flash Memory)由中国深圳朗科公司发明,称为优盘或 U 盘。它采用 USB 接口,具有体积小、质量轻、读写速度快、支持即插即用和热插拔、可反复擦写可编程等特点。图 1-9、图 1-10 分别展示了移动硬盘和闪存的外观图。

图 1-9　移动硬盘　　　　　图 1-10　闪存

4. 输入设备(Input Device)

这是指将各种外部信息和数据转换成计算机可以识别的电信号,让计算机能够接收的设备。

(1)键盘(KeyBoard)

键盘是数字和字符的输入装置。常用的键盘有 101 键、104 键和 108 键等几种,一般 PC 机使用 104 键盘。一般将键位分为打字键盘区、功能键区、数字小键盘区和编辑区 4 个区。表 1-4 列出了键盘中常用键的功能。

表 1-4　键盘中常用键的功能

按　键	功　能
Enter	回车键。通常用来表示确认的意思,用于将数据或命令送入计算机
Space	空格键。用来输入空格,在用中文输入法输入汉字的时候,调入空格表示编码录入结束
Back Space	退格键。删除光标前的一个字符
Del	删除键。删除光标后的一个字符
Shift	换挡键。由于整个键盘上有 30 个双字符键(即每个键面上有两个字符),并且英文字母还分大小写,因此需要此键来转换;在默认状态下,每个双字符键都处于下面的字符和小写英文字母状态
Ctrl	控制键。通常和其他键组合成复合控制键
Esc	强行退出键。退出当前环境和返回原菜单的按键
Alt	交替换挡键。与其他键组合成特殊功能键或复合控制键
Tab	制表定位键。按下此键可使光标移动 8 个字符的距离

续表

按　键	功　能
光标移动键	↑、↓、←、→分别表示上、下、左、右移动光标
屏幕翻页键	PgUp(Page Up)上翻一页;PgDn(Page Down)下翻一页
Print Screen SysRq	打印屏幕键。把当前屏幕显示的内容全部打印出来
双态键	Insert 的双态是插入状态和改写状态;Caps Lock 是小写字母和大写字母锁定状态。Number Lock 是数字状态和锁定状态;Scroll Lock 是滚屏状态和锁定状态;默认情况下,4 个双态键都处于第一种状态,在不关机的情况下,反复按键则在两种状态之间转换。键盘上配有相应的指示灯

（2）鼠标（Mouse）

鼠标是一种指点式输入设备。按照鼠标的工作原理可将其分为机械鼠标、光电鼠标和光电机械鼠标 3 种。按照鼠标与主机接口标准分为 PS/2 和 USB 接口两类。鼠标的基本操作有 4 种:指向、单击、双击和拖动,操作方法如表 1-5 所示。

表 1-5　鼠标的基本操作

操作名称	操作方法
指向（Point）	将鼠标指针移动到屏幕的某个特定位置或对象上,为下一个操作做准备
单击（click）	快速按下鼠标左键,常用于选定鼠标指针指向的某个对象或命令
双击（double-click）	快速连续按两下鼠标左键,常用于启动某个选定的应用程序,或打开鼠标指向的某个文件
拖动（drag）	按住鼠标左键不放,同时移动鼠标,将鼠标指向另一个位置,常用于对选定的对象从一个地方移动或复制到另一个地方

（3）扫描仪（Scanner）

扫描仪是常见的输入设备。它对原稿进行光学扫描,然后将光学图像传送到光电转换器中变为模拟电信号,又将模拟电信号变换成为数字电信号,最后通过计算机接口送至计算机中。有两个元件在扫描仪获取图像的过程中起到关键作用。一个是 CCD,将光信号转换成为电信号;另一个是 A/D 变换器,将模拟电信号转换为数字电信号。

图 1-11　扫描仪

图 1-11 展示了扫描仪的外观图。

5. 输出设备（Output Device）

输出设备是将计算机内部处理后的信息传递出来的设备。常见输出设备有显示器、打印机、绘图仪等。许多设备既可以作为输入设备,又可以作为输出设备,例如 U 盘。

（1）显示器（Monitor）

按显示器的显示原理来分,有阴极射线管（Cathode Ray Tube,CRT）显示器、液晶（Liquid Crystal Display，LCD）显示器和等离子显示器（PDP），如图 1-12～图 1-14 所示。显示器性能的主要参数指标有分辨率、灰度级和刷新率。

图 1-12　CRT 显示器

图 1-13　液晶显示屏

图 1-14　等离子显示器

- 分辨率：一般用整个屏幕光栅的列数与行数的乘积来表示（如 1 024 × 768），乘积越大表明像素越密，分辨率就越高，图像质量越好。现在常用的分辨率是：800 × 600 像素、1 024 × 768 像素、1 280 × 1 024 像素。
- 灰度级：指可以显示的颜色的数目。其值越高，图像层次越清楚逼真。若用 8 位来表示一个像素，则可有 256 级灰度。
- 刷新率：以赫兹（Hz）为单位，CRT 显示器的刷新率一般为 75 Hz，若刷新率过低，屏幕会显示有闪烁现象。

显示器必须配置正确的适配器（显卡）才能构成完整的显示系统。显卡是主机与显示器之间的接口电路。

（2）打印机

打印机是计算机最常用的输出设备，用于把计算机处理的结果通过纸张打印出来。常用的打印机有针式打印机、喷墨打印机和激光打印机 3 种类型。

图 1-15～图 1-17 分别展示了 3 种打印机的外观图。

图 1-15　针式打印机

图 1-16　喷墨打印机

图 1-17　激光打印机

（3）绘图仪（Plotter）

绘图仪是一种输出图形的硬拷贝设备。在绘图软件的支持下绘制出复杂、精确的图形，是各种计算机辅助设计 CAD（Computer Aided Design）不可缺少的工具。绘图仪有笔式、喷墨式和发光二级管（LED）3 类。

三、软件系统

"软件"是各种程序的总称，不同功能的软件由不同的程序组成，这些程序通常被存储在计算机的外部存储器中,需要使用时载入内存运行。

软件系统由系统软件和应用软件两大部分组成。系统软件是为管理、监控和维护计算机资源所设计的软件,包括操作系统、数据库管理系统、程序设计语言、设备驱动程序等。应用软件是为解决各种实际问题而专门研制的软件,例如文字处理软件、信息管理软件、网络应用软件、辅助设计软件等。

1. 系统软件

（1）操作系统（Operating System, OS）

操作系统是用户与计算机之间的接口,能帮助人们管理好计算机系统中的各种软、硬件资源,合理组织计算机工作流程,控制程序的执行并向用户提供各种服务功能。

目前在微机上常用的操作系统有：Windows 系列操作系统、MS-DOS 操作系统、UNIX 操作系统和 Linux 操作系统等。

（2）数据库管理系统（Database Management System）

数据库管理系统（DBMS）是在计算机上实现数据库技术的系统软件,用户用它来建立、管理、维护、使用数据库等,是数据库系统的核心组成部分。

较为著名的数据库管理系统有：Informix, Visual FoxPro 和 Microsoft Access 等。大型数据库管理系统有 Oracle、DB2、SYBASE 和 SQL Server 等。

（3）程序设计语言

人与计算机之间交流信息使用的语言。按照对硬件的依赖程度通常分为 3 类：机器语言、汇编语言和高级语言。

● 机器语言：由二进制代码"0"和"1"组成的一组代码指令,是唯一能被计算机硬件直接识别和执行的语言。优点是执行速度快、占用内存小；缺点是编写工作量大、程序可读性差。

● 汇编语言：一种面向机器的程序设计语言,用助词符（Memonic）代替操作码,用地址符号（Symbol）代替地址码。程序必须经过汇编,变成机器语言程序才能被计算机识别和执行。

● 高级语言：一种独立于机器的算法语言,直接使用人们习惯的、易于理解的英文字母、数字、符号来表达的编程语言。常用的高级语言有面向过程的,如 BASIC、PASICAL、C 语言等；有面向对象的,如 Delphi、C^{++}、JAVA 等。

除机器语言外,其他程序设计语言,计算机无法识别,必须翻译成机器语言形式的目标程序,才能识别和执行。这种"翻译"通常有两种,即编译和解释,"翻译"过程如图 1-18、图 1-19 所示。

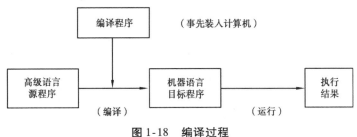

图 1-18　编译过程

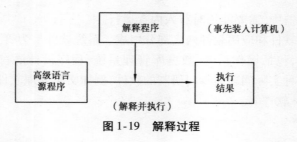

图 1-19 解释过程

（4）设备驱动程序

设备驱动程序是协助计算机控制外部设备的系统软件。

2. 应用软件

为了解决各种实际问题而专门设计的各种各样的软件。常见的应用软件有：

• 文字处理软件：主要用于输入、修改、编辑、打印文字资料等。常用的有 Word，WPS 等。

• 信息管理软件：主要用于输入、修改、检索信息等，如工资管理软件、人事管理软件等。

• 网络应用软件：主要用于帮助用户实现网上资源的浏览、电子邮件的收发、远程信息的传送。常用的有 Internet Explorer(IE)，Outlook Express(OE)等。

• 辅助设计软件：主要用于高效地绘制、修改工程图纸，进行常规的设计计算，帮助用户寻求较优的设计方案，如 AutoCAD 等。

本章小结

（1）从 1942 年 6 月第一台计算机 ENIAC 诞生开始，计算机的发展经历了 4 代，即电子管时代、晶体管时代、集成电路时代和超大规模集成电路时代。

（2）从不同的角度对计算机进行分类。按工作原理分为电子数字计算机和电子模拟计算机；按用途分类分为通用计算机和专用计算机；按规模分类分为巨、大、中、小、微型机。

（3）计算机应用领域主要有科学计算、数据处理、过程控制、辅助工程、人工智能。

（4）计算机中的信息用 ASCII 码和汉字编码表示。ASCII 码用 7 位二进制数编码来对一个符号编码。汉字编码用两个字节来对一个汉字编码。汉字编码中国标码是用 14 位来表示一个汉字编码，每一个字节的最高位为 0。

（5）数制间的转换要掌握"除 R 取余"法和"乘 R 取整"法 。我们用字母 D，B，O，H 分别表示十进制、二进制、八进制和十六进制。

（6）计算机系统由计算机硬件系统、计算机软件系统组成，如图 1-20 所示。

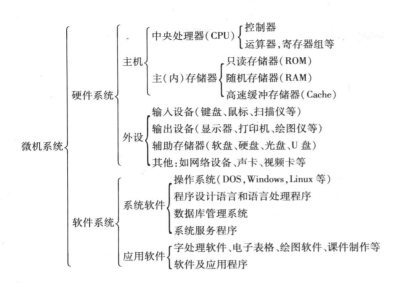

图 1-20 计算机系统组成

习题 1

一、单项选择题

(1)第二代计算机的主要电子逻辑元件是( )。

    A.电子管   B.晶体管   C.集成电路   D.运算器

(2)笔记本电脑属于( )。

    A.巨型机   B.大型机   C.小型机   D.微型机

(3)下列不是计算机应用的主要领域的是( )。

    A.文字处理   B.科学计算   C.辅助设计   D.数据处理

(4)计算机内部数据和指令是以( )的形式传输的。

    A.八进制码   B.十进制码   C.简码   D.二进制码

(5)在计算机中,一个字节是由( )位二进制码表示。

    A.4   B.2   C.8   D.16

(6)十进制数 130 转换为对应的二进制数等于( )。

    A.10000010   B.10000011   C.10000110   D.10000000

(7)二进制数 11101111 转换成对应八进制数是( )。

    A.355   B.356   C.357   D.358

(8)8 位字长的计算机可以表示的无符号整数的最大值是( )。

    A.8   B.16   C.255   D.256

(9)1 MB 的准确含义为( )。

    A.1024   B.1024 字节   C.1024 kB   D.1 百万个字节

(10)下列4个不同数制表示的数中,数值最大的是( )。

    A. 十进制数 219   B. 十六进制数 DA 4

    C. 八进制数 33   D. 二进制数 11011101

(11)现在使用的计算机其工作原理为( )。

    A. 存储程序   B. 程序控制

    C. 程序设计   D. 存储程序和程序控制

(12)计算机的主要性能指标为( )。

    A. 字长、运算速度、内存容量

    B. 磁盘容量、显示器分辨率、打印机配置

    C. 所配备的语言、操作系统、外部设备

    D. 机器价格、所配备的操作系统、所配备的磁盘类型

(13)对于( )存储器,一般情况下,计算机只能读取其中的信息,无法写入。

    A. RAM   B. ROM   C. 硬盘   D. 随机存储器

(14)计算机的主机包括( )。

    A. 硬盘   B. 显示器   C. 中央处理器   D. CD-ROM

(15)计算机的所有计算工作都是在( )完成的。

    A. CPU   B. 内存   C. 主存   D. RAM

(16)计算机可以直接进行识别的语言为( )。

    A. C 语言   B. BASIC 语言   C. 机器语言   D. 汇编语言

(17)UPS 是指( )。

    A. 内存条   B. 处理器   C. 不间断电源   D. 显示卡

(18)下面关于编译程序和解释程序的论述,正确的是( )。

    A. 编译程序能产生目标程序而解释程序则不能

    B. 编译程序和解释程序均不能产生目标程序

    C. 编译程序和解释程序均能产生目标程序

    D. 编译程序不能产生目标程序而解释程序能

(19)下列存储器中,存取速度最快的是( )。

    A. 内存   B. 硬盘   C. 光盘   D. 软盘

二、多项选择题

(1)反映存储容量大小的单位有( )。

    A. kB   B. Byte   C. GB   D. MB

(2)计算机硬件系统由( )构成。

    A. 存储器   B. 运算器   C. 输入/输出设备   D. 控制器

(3)微机中用于输出的设备有( )。

    A. 显示器   B. 绘图仪   C. 打印机   D. 扫描仪

(4)电源断电后仍能保留数据信息的有( )。

    A. RAM   B. ROM   C. 磁盘   D. 光盘

（5）微机的基本配置应该有（　　）。

    A. 键盘　　　　　　B. 打印机　　　　　　C. 主机　　　　　　D. 显示器

（6）磁盘是（　　）。

    A. 内存储器　　　B. 外存储器　　　C. 硬件　　　　　D. 系统软件

（7）微机的软盘与硬盘相比，硬盘的特点是（　　）。

    A. 存取速度快　　B. 存储容量大　　C. 价格昂贵　　D. 便于随身携带

（8）加上写保护的软盘（　　）。

    A. 不能被格式化　　B. 能被格式化　　C. 能够读取数据　　D. 能写入数据

（9）微机外存储器有（　　）。

    A. 软盘　　　　　B. 硬盘　　　　　C. RAM 或 ROM　　　D. 光盘

（10）计算机硬件系统的主要性能指标有（　　）。

    A. 存取周期　　　B. 字长　　　　　C. 主频　　　　　D. 内存容量

三、判断题（判断下列的说法正确，在正确的后面画"√"，错误的后面画"×"）

（1）微型计算机中使用最普遍的字符编码是 ASCII 码。　　　　　　　　（　　）

（2）计算机中 CPU 是通过数据总线与内存交换数据的。　　　　　　　（　　）

（3）计算机能直接识别的语言是汇编语言。　　　　　　　　　　　　（　　）

（4）运算器的主要功能是实现算术运算和逻辑运算。　　　　　　　　（　　）

（5）微机断电后，机器内部的计时系统将停止工作。　　　　　　　　（　　）

（6）内存储器与外存储器主要的区别在于是否位于机箱内部。　　　　（　　）

（7）计算机系统包括运算器、控制器、存储器、输入设备和输出设备五大部分。（　　）

（8）数字"1028"未标明后缀，也可以断定它不是一个十六进制数。　　（　　）

（9）汉字的字模用于汉字的显示或打印输出。　　　　　　　　　　　（　　）

（10）我国制定的《国家标准信息交换用汉字编码字符集·基本集》，即 2312—80，简称国标码。　　　　　　　　　　　　　　　　　　　　　　　　　　　（　　）

（11）1 MB 的存储空间最多可存储 1024 k 汉字的内码。　　　　　　（　　）

（12）任何程序不需进入内存，直接在硬盘上就可以运行。　　　　　（　　）

（13）在微型计算机的汉字系统中一个汉字的内码占 2 个字节。　　　（　　）

（14）基本 ASCII 码包含 256 个不同的字符。　　　　　　　　　　　（　　）

（15）在计算机内，位是表示二进制数的最小单位。　　　　　　　　（　　）

（16）计算机系统是由硬件系统和软件系统组成。　　　　　　　　　（　　）

（17）高级语言不必经过编译，可直接运行。　　　　　　　　　　　（　　）

（18）对磁盘作格式化将会删除磁盘中原有的全部信息。　　　　　　（　　）

（19）CAD/CAM 是计算机辅助设计和计算机辅助制造的缩写。　　　（　　）

四、填空题

（1）CAD 是指＿＿＿＿＿＿＿＿＿、CAM 是指＿＿＿＿＿＿＿＿＿。

（2）计算机中表示信息最小的单位是＿＿＿＿＿＿。

（3）字长为 7 位的二进制无符号数，其十进制数的最大值是＿＿＿＿。

（4）计算机之所以能按人们的要求自动地执行操作，主要是因为计算机采用了＿＿＿＿

_____。

（5）操作系统是_____和_____之间的接口。

（6）微机键盘上的 Enter 键是_____。

（7）微型计算机主机由_____组成。

（8）计算机系统中的硬件主要包括_____、_____、_____、_____和_____ 5 个部分。

（9）USB 的中文含义是_____。

（10）一般情况下，计算机运算的精度取决于_____。

（11）在掉电后，能继续为计算机系统供电的电源被称为_____。

（12）在计算机中运行程序，必须先将程序调入计算机的_____。

（13）10 位无符号二进制整数表示的最大十进制数是_____。

（14）一个 24×24 点阵的汉字字模需要_____个字节来存储。

（15）计算机处理的任何文件和数据只有读入计算机_____后才能处理。

（16）专门为某一应用目的而设计的软件称为_____软件。

（17）RAM 是随机存储器；而 ROM 是_____。

（18）计算机中的汉字在内存中的编码，是使用_____来保存信息。

（19）国际通用的 ASCII 码是 7 位编码，即一个 ASCII 码字符用一个字节来存储，其最高位为_____，其余 7 位为 ASCII 码值。

（20）国标码汉字机内码是用两个字节来表示，每个字节的最高位恒定为_____
_____。

实训　中英文输入练习

【实训描述】

在"写字板"中录入下面的短文：

Internet 简介

Internet 在当今计算机界乃至整个世界都是最热门的话题，以至人们将它称作"信息高速公路"。目前，很难对 Internet 进行严格地定义，但从技术角度，可以认为 Internet 是一个相互衔接的信息网。中国计算机学会编著的《英汉计算机词汇》，将 Internet 正式译为"因特网：一种国际互联网，（美国国防部）内部网络。"

Internet 可以对成千上万的局域网（LAN：Local Area Network）、广域网（WAN：Wide Area Network）进行实时连接与信息资源共享。因此，有人将其称为全球最大的信息超市。Internet 是冷战时期的产物，其前身是阿帕网（ARPRNet，ARPA 是美国国防部高级研究计划署（Advanced Research Projects Agency）和 NSFNet（NSF：美国国家科学基金会（National Science Fundation））。最初主要用于军事目的，1989 年后转向学术应用，1992 年以后，由于 Internet 用户数量急剧增加，应用领域日益扩大，随着 Internet 协会（ISOC）的成立，商业界和通信业开始广泛应用 Internet。

总之，Internet 是由那些使用公用语言相互通信的计算机连接而成的全球网络。一旦连接到 Web 节点，就意味着您的计算机已经连入 Internet。Internet 与国际电话系统十分相似——没有人能完全拥有或控制它，但连接以后却能使它像大型网络一样运转。今天，成千上万的人们可以通过电子邮件访问 Internet，当然其中也包括您。

【实训要求】

(1)使用正确的指法和正确的打字姿势。

(2)采用盲打方式使用键盘。

(3)熟练使用一种中文输入法。

(4)1 分钟内录入 30 个汉字。

第二章 操作系统

操作系统(Operating System,简称 OS)是为裸机配置的一种系统软件,是用户和用户程序与计算机之间的接口,是用户程序和其他程序的运行平台和环境。它有效地控制和管理计算机系统中的各种硬件和软件资源,合理地组织计算机系统的工作流程,最大限度地方便用户使用计算机发挥资源的作用。目前常见的操作系统有 Windows,Linux 和 UNIX 等。

本章通过 Windows XP 介绍操作系统的文件管理、文件安全管理、磁盘管理和环境配置等功能操作和配置。

知识目标

◆ 理解 Windows XP 功能及发展。
◆ 掌握 Windows XP 的基本操作。
◆ 掌握 Windows XP 文件管理基本操作。
◆ 掌握 Windows XP 文件安全管理基本操作。
◆ 掌握 Windows XP 磁盘管理基本操作。
◆ 掌握 Windows XP 环境的配置。

能力目标

◆ 会对 Windows XP 进行基本操作。
◆ 会对 Windows XP 进行文件管理。
◆ 会对 Windows XP 进行磁盘管理。
◆ 能够进行 Windows XP 环境的配置。

任务一 文件管理

一、任务描述

王敏是计算机软件专业大一的学生,是班级的学习委员,负责收取全班同学的作业。

由于计算机专业的学生作业通常是程序,所交作业都是电子文档。王敏在刚入学的时候买了一台计算机,开始她把这些文件都随意地放在计算机中,但随着作业的不断增多,计算机信息文件也不断增多,加上其他的工具文件、娱乐文件等,文件显得杂乱无章,有时查找文件竟然不知何处寻找。因此,她找到了计算机软件专业的李老师,提出了自己了问题。

根据王敏的问题,李老师讲述了科学地管理文件的方法。

(1)要养成"分类管理"的习惯,如可以按照课程名称、文件种类和时间等整理文件。

(2)要养成"备份"文件的习惯。"备份"其实就是把重要的文件复制到其他地方存放起来,以防原文件被损坏或丢失。本章后面将会详细介绍备份文件的方法。

接着,李老师给王敏提出了一套解决方案:

(1)不要将重要的文件存放在 C 盘中,可以用 F 盘或其他盘作为数据盘。因为 C 盘一般作为系统盘,主要用于安装系统盘和各类应用程序。

(2)文件和文件夹命名最好使用中文命名,就能"见名知意"。

(3)重要文件编辑修改完后要进行"备份",存放在另一个磁盘、U 盘或公司服务器上。

(4)在桌面上为经常访问的文件夹创建快捷方式,节约访问时间。

(5)经常清理计算机中的垃圾文件,定期清理回收站。

根据李老师提出的解决方案,王敏准备采用以下方法实现:

(1)在 F 盘根目录下建立两个文件夹:"课程作业"和"娱乐休闲",针对本学期在"课程作业"文件夹下建立"C 语言""软件测试"和"网页编程"3 个子文件夹。

(2)把 C 语言作业及该课程相关文件保存到"C 语言"文件夹中,把软件测试及该课程相关文件保存到"软件测试"文件夹中,把收集的电影音乐等文件保存到"娱乐休闲"文件夹中。

(3)把"C 语言""软件测试"和"网页编程"3 个文件夹保存到 U 盘或移动硬盘上,作为文件备份。

(4)在桌面上建立"课程作业"的快捷方式,以方便管理。

(5)搜索和清理磁盘中所有扩展名为". tmp"的文件。

二、任务准备

1. 文件和文件夹

文件和文件夹是使用计算机所要掌握的非常重要的基本概念,在计算机系统中,文件是最小的数据组织单位。文件中可以存放文本、图像和数据等信息。为了便于管理文件,我们可以把文件放到文件夹中去。

(1)文件

文件是具有符号名的、在逻辑上具有完整意义的、存储在外部介质上(最常用的是硬盘)的数据的集合。计算机中的文件可以是文档、程序、快捷方式、图像和数据等。在 Windows XP 中,文件名称包括文件名部分和文件扩展名两个部分。文件名部分命名最多可以使用 215 个字符,不区分英文字母大小写;扩展名部分由"."和 3 个字符组成,扩展名决定了文件的类型,如 Word 文档的扩展名为". doc"。

（2）文件夹

为了分门别类地有序存放文件,操作系统把文件组织在若干目录中,也称文件夹。文件夹一般采用多层次结构(树状结构),在这种结构中每一个磁盘有一个根文件夹,它包含若干文件和文件夹。文件夹不但包含文件,而且可包含下一级文件夹,这样类推下去形成的多级文件夹结构既帮助了用户将不同类型和功能的文件分类存储,又方便文件查找,还允许不同文件夹中文件拥有同样的文件名。

（3）文件名

文件的名称,包括主文件名和扩展名两部分。主文件名可使用英文或汉字,不能超过127 个汉字或 255 个英文字母;扩展名表示这个文件的性质。

文件(文件夹)的命名要通俗易懂,即通常我们说的"见名知意",同时必须遵守以下规则:

①在 Windows XP 中,可以在文件(文件夹)名中最多使用 255 个英文字符或 127 个汉字。

②文件(文件夹)名中除开头字符以外可以有空格。

③在文件(文件夹)名中不能包含以下符号:右斜线(\)、左斜线(/)、竖线(│)、小于号(<)、大于号(>)、冒号(:)、引号(")、问号(?)、星号(＊)9 个符号。

④用户在文件(文件夹)名中可以指定文件名的大小写格式,但是不能利用大小写来区别文件名。例如,MyDocument. doc 和 mydocument. doc 被认为是同一个文件名。

⑤同一文件夹下不同有两个相同的文件(文件夹)名。

（4）设置文件或文件夹的属性

属性用来表征文件或文件夹的一些特征。在 Windows XP 系统中,每个文件和文件夹都有其自身的一些信息,包括文件的类型、打开方式、位置、占用空间大小、创建时间、修改时间与访问时间、只读和隐藏等。

查看或设置文件或文件夹属性的操作步骤如下:

①选定要查看或设置属性的文件或文件夹。

②右键单击后从弹出的快捷菜单中选择"属性"选项,打开选定文件的"属性"对话框,如图 2-1 所示。

这时可以查看或设置文件或文件夹的属性。部分选项的含义如下:

●"常规"选项卡:该选项卡用来表示文件或文件夹的类型、位置、大小、占用空间,包含了文件或文件夹的数量、创建时间、只读、隐藏等。

●"共享"选项卡:设置网络上的其他用户对该文件夹的各种访问和操作权限。

●"自定义"选项卡:对于文件,允许用户添加和设置新的属性以描述该文件的有关信息。对于文件夹,允许用户更改在缩略图视图中出现在文件夹上的图片、更改文件夹图片并为文件夹选择新的模板。

●"只读"属性:设置该文件或文件夹只能被阅读,不能被修改或删除。

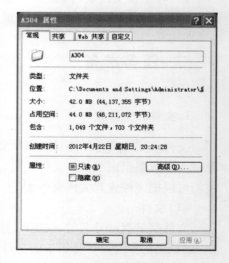

图 2-1　文件夹属性

● "隐藏"属性:将该文件夹内的全部内容隐藏起来,如果不知道隐藏后的文件夹名,将无法查看隐藏的内容。

> **温馨提示**
>
> 要查看隐藏文件,在文件夹窗口的"工具"菜单上单击"文件夹选项"按钮,在"查看"选项卡的"高级设置"中,选中"显示所有文件和文件夹"。

2. 文件和文件夹的操作

(1)新建文件夹

在 Windows XP 窗口中,新建文件夹的方式有以下两种。

● 选择菜单栏上的"文件"→"新建"→"文件夹"命令,然后给文件夹命名。

● 在窗口的空白处右击,弹出快捷菜单,在快捷菜单中选择"新建"→"文件夹"命令如图 2-2 所示,然后给文件夹命名。

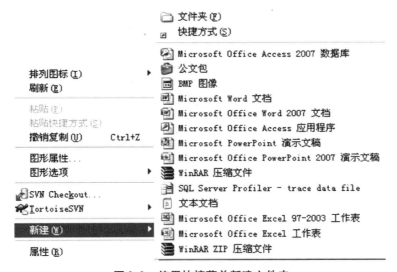

图 2-2 使用快捷菜单新建文件夹

需要对文件和文件夹进行操作,必须首先选定需要操作的对象,选定的方式是将光标移至需要操作的某个文件或文件夹上,然后单击即可选中该对象,被选定的对象呈现深蓝色。若是鼠标移至需要操作的某个文件或文件夹上双击即可打开或启动该对象。

如要选定多个连续文件,可先单击第一个对象,再按住"Shift"键,单击最后一个对象。如要选定多个不连续对象,则在单击第一个对象后,按住"Ctrl"键,再选定其他对象。

(2)对文件或文件夹重命名

在 Windows XP 窗口中,对已有文件和文件夹的重命名方式有以下 3 种:

● 选定需要重命名的文件或文件夹,选择菜单栏上的"文件"菜单的"重命名"选项,输入新的文件名。

● 选定需要重命名的文件或文件夹,右击弹出快捷菜单,在快捷菜单中选择"重命名"命令,输入新的文件名。

● 选定需要重命名的文件或文件夹,按"F2"键,输入新的文件名即可。

(3)复制/剪切文件或文件夹

在 Windows 窗口中,复制文件和文件夹的方式有以下 3 种:

● 选定需要复制的文件或文件夹,选择菜单栏上的"编辑"菜单的"复制"选项,然后选择存放该文件或文件夹的位置,再选择菜单栏上的"编辑"菜单的"粘贴"选项。

● 选定需要复制的文件或文件夹,右击弹出快捷菜单,在快捷菜单上选择"复制"命令,然后选择存放该文件或文件夹的位置,再右击弹出快捷菜单,选择"粘贴"命令。

● 选定需要复制的文件或文件夹,按快捷键"Ctrl + C"进行复制,然后选择存放该文件或文件夹的位置,再按快捷键"Ctrl + V"粘贴内容。

剪切文件和文件夹的操作步骤和复制类似,只要将其中的"复制"操作改为"剪切"操作即可。"剪切"的快捷键为"Ctrl + X",但是复制和剪切对原对象操作的结果是不一样的,复制文件或文件夹,该对象保留在原来位置上;而剪切文件或文件夹,该对象在原位置上消失。

(4)为文件或文件夹设置快捷方式

Windows XP 快捷方式是对系统的各种资源的链接,一般通过快捷图标来表示,使用户可以方便、快捷地访问系统资源。这些资源包括文件、文件夹或驱动器等。快捷方式建立在桌面、"开始"菜单、"程序"菜单或文件夹中。有两种创建快捷方式的方法:

● 选定需要创建快捷方式的文件或文件夹,右击选择"创建快捷方式",然后把创建的快捷方式剪切后,粘贴到你要放入的桌面、"开始"菜单、"程序"菜单或文件夹中。

● 选定需要创建快捷方式的文件或文件夹,直接单击选中后拖入到要放入的桌面、"开始"菜单、"程序"菜单或文件夹中。

(5)删除文件或文件夹

计算机中无用的文件和文件夹,用户可以将其删除。删除的方式有 3 种:

● 选定需要删除的文件或文件夹,选择菜单栏上的"文件"菜单的"删除"选项,弹出"确认文件删除"对话框,单击"确定"按钮。

● 选定需要删除的文件或文件夹,按"Del"键,弹出"确认文件删除"对话框,单击"确定"按钮。

温馨提示

● 以上两种方式删除的文件将进入回收站中暂时保存,并没有从我们的磁盘上彻底被删除,通过对回收站的管理,被删除的对象是可以恢复的,因此我们把它称为逻辑删除。如果想直接删除文件而不进入回收站的话,可选定需要删除的文件后,按快捷键"Shift + Del",这种方法删除的对象没有存放在回收站中,一般不能恢复,所以我们把它称为物理删除。

● 不是所有被删除的对象都能够从回收站中被还原,一般来说,只有从硬盘中删除的对象才能放入回收站。以下两种情况是无法还原:

①从可移动存储器如 U 盘等或网络驱动器中删除对象时,删除对象并没有放入回收站,而是直接删除,所以无法还原。

②回收站使用的是硬盘的存储空间,当回收站空间已满,系统将自动清除较早删除的对象,因此对于删除较久的文件可能无法还原。

（6）恢复被删除的文件或文件夹

硬盘中被删除的文件或文件夹,会暂时存放在"回收站"中,如需将被删除的文件或文件夹恢复到原来位置上,可进入"回收站"窗口中,将需要恢复的文件或文件夹选中,然后有两种方式可以还原该文件。

● 在回收站里右击文件,在弹出的快捷菜单中选择"还原"命令。

● 选择"回收站"左侧窗格"回收站任务"中的"还原此项目"选项,如图 2-3 所示。从软盘上或 U 盘上删除的文件,不进入硬盘的"回收站"中,被删除以后将不能还原。

图 2-3　回收站窗口

（7）搜索文件或文件夹

在计算机磁盘中文件和文件夹的数量有成千上万个,而且分布在磁盘的各个位置上,如不能直接找到文件或文件夹,可使用 Windows XP 提供的"搜索"功能,查找某个特定的文件或文件夹。

启动"搜索"功能的方式是选择"开始"→"搜索"→"文件和文件夹",如图 2-4 所示。后弹出如图 2-5 所示的窗口。

图 2-4　搜索文件或文件夹

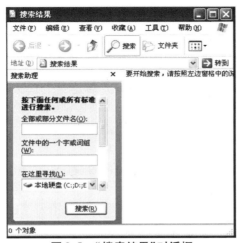

图 2-5　"搜索结果"对话框

在图 2-5 所示对话框的"全部或部分文件名"文本框中输入需要查找的文件或文件夹的名称。如果文件或文件夹名称不清楚,可以使用文件通配符"?"和"＊"代替不清楚部分,例如"计算机＊",可得如图 2-6 所示的结果。用"搜索"功能也可同时搜索多个文件,只需要用逗号、分号或空格将文件隔开,例如"计算机 英语 数学"。

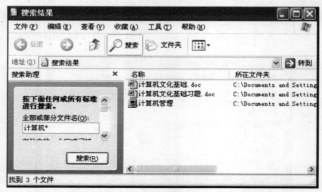

图 2-6　搜索"计算机 ＊"结果对话框

输入完文件名以后,在"在这里寻找"下拉列表框中可选定待查找文件的位置,缩小搜索的范围,如"本地硬盘(C:)""本地硬盘(D:)""My Documents"。

当用户要对某一类或某一组文件进行操作时,可以使用通配符来表示文件名中不同的字符。通配符主要有两种:＊和?。它们的使用说明如表 2-1 所示。

表 2-1　通配符的功能与含义

通配符	含　义	举　例
?	表示任意一个字符	? d.exe,表示文件名由两个字符组成,且第二个字母为"d"的 exe 文件
＊	表示任意多个字符	＊.mp3,表示当前盘上所有的 mp3 文件

三、任务实施

(1)在 F 盘根目录中分别创建目录结构(如图 2-7 所示)。

①在"资源管理器"窗口中选择磁盘驱动器 F,在右侧窗口中空白处单击鼠标右键,在弹出的快捷菜单中选择"新建"→"文件夹"命令,新建一个默认名为"新建文件夹"的文件夹,此时直接输入新的文件名"课程作业"。

②在新建文件夹外单击鼠标,或按"Enter"键完成创建。

③使用同样的方法,创建"娱乐休闲"文件夹。

④双击"课程作业"文件夹,打开后重复使用步骤①②依次完成"软件测试""C 语言"和"网页制作"文件夹的创建。

(2)把 C 语言作业及相关文件选中后右击鼠标,弹出对话框选择"复制",把鼠标放到"C 语言"文件夹中,右击鼠标选择"粘贴",此时就把 C 语言作业及相关文件粘贴到"C 语

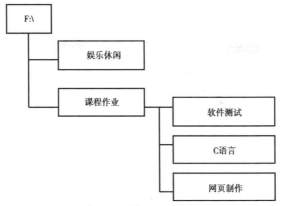

图 2-7 树形目录结构

言"文件夹中。同样,把软件测试及该课程相关文件保存到"软件测试"文件夹中,把收集的电影音乐等文件保存到"娱乐休闲"文件夹中。

图 2-8 创建文件夹

(3)选中"C 语言""软件测试"和"网页编程"3 个文件夹后,右击鼠标,在弹出的对话框中选择"复制",然后在 U 盘或移动硬盘上选择"粘贴"。此时,就对文件进行了备份。

(4)"课程作业"文件夹上右击选择"创建快捷方式",这时在"课程作业"文件夹目录下新建了一个快捷方式,然后把此快捷方式拖到桌面上,每次只要双击桌面上相应的快捷图标即可访问"课程作业"文件夹了。

(5)在本机所有磁盘中搜索扩展名为". tmp"的文档

①在"资源管理器"工具栏中单击"搜索"按钮 🔍搜索,打开"搜索助理"窗口。

②在"您要查找什么?"列表下选择"文档(文字处理、电子数据表等)",出现被称为搜索标准的一组搜索条件。

③在"完整或部分文档名"文本框中输入要搜索的文件名". tmp"。

④选中搜索出的扩展名为 tmp 的文档后删除。

任务二　文件安全管理

Windows XP 的文件管理系统可以对文件和文件夹属性与安全保护进行管理,这里主要包括文件保存安全和文件信息安全。

一、任务描述

王敏的妈妈是广告公司的财务人员,经常要用计算机写财务报表,所以担心计算机中的财务文件外泄,得知李老师是位计算机高手,因此委托王敏咨询一下解决办法。

根据王敏妈妈的问题,李老师给出了一套解决的方案。

①对公司机密文件可设置该文件隐藏属性。

②对公司机密文件可设置打开密码。

③文件的扩展名是可以隐藏的,使用"我的电脑"窗口中"工具"→"文件夹选项"设置文件和文件夹的显示方式。

二、任务准备

1. 桌面

打开计算机后,计算机硬件系统通过自身检查,没有硬件错误后,将控制权移交给操作系统。下图是 Windows XP 启动后的基本画面,呈现在你面前的整个屏幕区域称为桌面,如图2-9 所示。

图2-9　Windows XP 桌面

● 任务栏:系统默认将任务栏放在屏幕的底部。在打开程序、文档或窗口时,任务栏上将出现一个相应的按钮,表示该程序、文档或窗口正处于运行中,操作者可以通过该按钮在已经打开的窗口或运行的程序之间来回切换。

任务栏上可以自定义工具栏。工具栏中有代表应用程序、文档或窗口的图标,鼠标左键单击可以直接运行程序或窗口,如图2-10所示。

图 2-10　Windows XP 桌面任务栏

● "开始"按钮:任务栏的最左边是"开始"按钮,将鼠标箭头放在该按钮上,停留一会儿,就会显示"单击这里开始"的提示。单击"开始"按钮可以显示开始菜单。在开始菜单中能够完全显示并运行 Windows XP 的应用程序、查找文件、获得帮助等基本操作。

● 我的电脑:桌面上有一个图标叫"我的电脑",操作者可以使用它查看计算机上的所有内容。双击桌面上的"我的电脑",即可浏览打印机、文件或文件夹等计算机的硬件和软件资源。

● 我的文档:"我的文档"常用来保存用户在计算机中建立的各种文件。Windows XP 中很多软件都自动默认保存文件的文件夹是"我的文档"。

● 回收站:"回收站"就像一个文件垃圾桶,删除的文件就放在这里面,在第三节中已经对此进行了介绍。

● 网上邻居:如果你的计算机中有网卡,并连通到一个网络上,计算机桌面上就会出现"网上邻居"的图标。通过它,可以连接到一个网络中其他的计算机上,并共享数据和其他资源。

● Internet Explorer(IE 浏览器):如果要在 Internet 上遨游,浏览器是必须的工具之一,通过它你可以浏览互联网上的各种资源。

2. 窗口组成

在开始菜单中单击"我的电脑"命令,打开窗口如下图2-11所示。

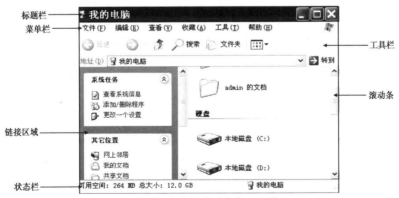

图 2-11　"我的电脑"窗口组成

● 标题栏:标题栏位于窗口的最顶端,文字标明了窗口的名称,在其中有最小化、最大化和关闭按钮;活动窗口的标题栏默认状态下为蓝色,其余窗口为灰色,如表2-2所示。

表2-2　窗口中标题栏各按钮功能

按　钮	名　称	功　　能
▄	最小化	将窗口最小化,最小化的窗口仍然为打开状态,但在任务栏上显示为按钮
□	最大化	将窗口放大到尽可能大
✕	关　闭	关闭窗口
回	还　原	将窗口还原为以前的大小

● 链接区域:链接区域是 Windows XP 新增区域。窗口链接区域的组成及其作用如下:
"系统任务"选项:为用户提供常用的操作命令。

"其他位置"选项:该部分链接为用户提供计算机上其他的常用位置,方便用户快速切换。

"详细信息"选项:该选项中显示所选定文件对象的大小、类型及其他信息。
● 菜单栏:不同程序,菜单也有所不同,菜单栏中包含了程序中最常用的命令列表。
● 工具栏:工具栏位于菜单栏下面,通常放置最常用的工具。
● 滚动条和滑动块:滚动条和滑动块用来帮助在有限的工作区显示更多的内容。
● 状态栏:状态栏在整个窗口的底部,用来提示当前运行的应用程序的有关信息。

3.窗口的操作

窗口的基本操作包括:打开窗口、移动窗口、使用滚动条、窗口的最大化与最小化和改变窗口大小、工具栏操作等。

（1）打开窗口
● 双击图标打开相应的窗口。
● 通过鼠标右击执行快捷菜单中的"打开"命令。

（2）移动窗口

在 Windows XP 中,可以同时看见几个窗口的内容。有时,为了防止一个窗口覆盖在另一个窗口上,可以移动该窗口。移动窗口时,将鼠标置于要移动的窗口的标题栏,按住左键拖动,到合适位置松开鼠标即可。

（3）窗口的最大化、最小化、关闭和还原

最小化▄、最大化□、关闭按钮✕和还原按钮回在窗口标题栏的右侧,使用这些按钮可以快速地设置窗口的大小、填充整个桌面、还原和隐藏窗口。

（4）缩放窗口

窗口除了最大化、最小化操作以外,还可以根据需要调整窗口的大小。具体操作是,将鼠标移动到活动窗口的 4 个边框任意一个边框上,鼠标的指针会变成双箭头。按下鼠标左键并且向上下或左右移动鼠标,就可以改变窗口的宽度和大小。如果想等比例地增大或减小窗口,可把鼠标移到窗口四个角中的任何一个,在鼠标指针变成双头↘后按下鼠标左键向内或向外移动,即可改变窗口大小。

（5）切换窗口

由于 Windows 支持多任务的环境，桌面上经常会有几个窗口。此时，处于活动状态的那个窗口总在最前面，该窗口的标题栏和任务栏通常都要亮一些。把窗口变为活动窗口的过程称为激活。处于激活状态的窗口在任务栏上显示的按钮呈按下的状态，非激活状态的窗口在任务栏上显示的按钮呈凸出状态。

（6）窗口排列

在 Windows XP 中，窗口排列有层叠、横向平铺、纵向平铺和显示桌面 4 种方式。用鼠标右键单击"任务栏"空白部分，在弹出的快捷菜单中，可以选择窗口的排列方式。

- 层叠窗口：把窗口按照一定的顺序依次排列在桌面上。
- 横向平铺窗口：所有窗口并排显示，并尽量向水平方向延伸。
- 纵向平铺窗口：所有窗口并排显示，并尽量向竖直方向延伸。
- 显示桌面：所有窗口隐藏在任务栏，显示桌面。若要取消上述操作，只需再执行快捷菜单一次。

4. 回收站

上一节在介绍删除文件和恢复文件时简单介绍了回收站，在这里将详细介绍回收站的使用及设置。

回收站的作用类似于日常生活中的废纸篓。废纸篓可以存放随时扔掉不要的东西，如果误丢了，那么可以从废纸篓中找回来。回收站就起到装载被删除文件和文件夹废纸篓的作用，它是计算机硬盘上的一块存储区域，它的存储空间的大小可以手动调整。

事实上，回收站里的文件既可以彻底删除，也可以"找回来"。如果想要彻底删除此文件，则右击该文件选择"删除"；如果想要恢复此文件，则右击后选择"还原"。

（1）清空回收站

当回收站的文件增多时，可以清空回收站。只需右击"回收站"后选择"清空回收站"即可。

（2）彻底删除文件

当将文件删除后，文件只是存放在回收站里以防需要时"回收"。这种设计的好处是不言而喻的，但也有一些问题，如果删除的文件内容含有重大的商业秘密或个人隐私，而又没有及时清空回收站的话，别人很容易从你的回收站中"捡"出这些有价值的文件；另一方面，这种删除方法其实并没有给你的磁盘腾出空间，改变了我们删除文件的初衷。那么要如何才能真正地删除文件呢？

用鼠标右键点击回收站图标，在右键菜单中选择"属性"，在对话框中选中"删除时不将文件移入回收站，而是彻底删除"，确认退出即可。另一种设置方法是在属性对话框中选择"全局"选项卡，将回收站最大

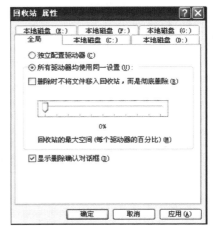

图 2-12 设置回收站属性对话框

空间百分比的滑杆拖到0%的位置,如图2-12所示。因为Windows默认回收站最大的空间为磁盘空间的10%,设置成0%以后,无论你删除多大的文件都不会移动到回收站中。当然如果你的磁盘上有多个分区,可以考虑选中"所有驱动器均使用同一设置"。

我们有时删除文件不放入回收站,而是直接彻底删除。其方法是:选中该文件,按住"Shift"键同时按下"Del"键,这样删除的文件将不会移动到回收站中,而是彻底删除了。

三、任务实施

(1)设置公司机密文件隐藏属性

右击公司机密文件后,在弹出的快捷菜单中选择"属性",在"属性"对话框中选择"常规"选项卡,然后在"常规"选项卡中选中"隐藏"属性。

(2)对公司机密文件设置打开密码

使用Word或者Excel打开文件,选中"工具"菜单栏→"选项"→"安全性"→选中"打开文件时的密码"设置密码,单击"确定"按钮即可。

(3)隐藏文件的扩展名

打开"我的电脑"窗口,选择"工具"菜单的"文件夹选项",在弹出的"文件夹选项"对话框选中"隐藏已知文件的扩展名"。

任务三 磁盘管理

磁盘是计算机主要的数据存储工具,用户一定要了解磁盘属性,做好磁盘的管理和维护,中文版Windows XP提供了多种磁盘管理工具,使磁盘的管理和维护更加完善和快速。

一、任务描述

王敏最近发现她的计算机运行速度越来越慢了,于是她找到李老师,请李老师帮助自己解决这个难题。

李老师告诉王敏影响计算机运行速度的因素有很多,但有一个重要的原因就是磁盘中有很多的垃圾文件和临时文件,这些文件占用了大量磁盘空间,影响磁盘的运行速度,还容易产生一些错误。因此只要删除这些文件就可以提高计算机的运行速度。硬盘就好像一个大仓库,计算机中所有的数据都存放在这里,使用计算机会经常安装或卸载软件,添加/删除文件,或来回移动文件、目录,这样会使一个文件分布在硬盘中不同的位置,从而产生不同程度的碎片。如果磁盘中的碎片多了,数据的存放就会十分凌乱,可能会给计算机带来许多大大小小的毛病。因此除了磁盘清理,我们还需要对磁盘进行碎片整理。Windows XP自带的磁盘碎片整理程序,可以帮助用户分析各分区中的碎片、合并碎片文件与活页夹,以便每个文件或者文件夹都可以占用独立而连续的磁盘空间。

　　王敏决定使用 Windows XP 自带的工具先对计算机进行磁盘清理,然后对磁盘碎片进行整理。

二、任务准备

1. 磁盘属性

　　磁盘属性包括磁盘的类型、磁盘文件系统的格式、容量、已用空间、可用空间等。查看磁盘属性的方法有多种,最直接的方法是在"我的电脑"窗口中单击任意一个磁盘驱动器,如"本地磁盘(C:)",窗口左侧的"详细信息"任务栏中会显示出关于磁盘的详细信息,如图 2-13 所示。

图2-13　磁盘的详细信息

　　右击磁盘图标,在弹出的快捷菜单中选择"属性"选项,在弹出的对话框的"常规"选项卡中可以看到更形象、更详细的磁盘属性信息,如图 2-14 所示。

图2-14　磁盘属性信息

　　该对话框中有一个"磁盘清理"按钮,单击该按钮可以清理垃圾文件,释放该磁盘空间;"工具"选项卡有"差错状态""备份状态"和"碎片处理状态"三部分组成,在该选项卡中可以完全检查磁盘错误、备份磁盘上的内容、整理磁盘碎片等操作;"硬件"选项卡可用于查看计算机中所有磁盘驱动器的属性;"共享"选项卡用于设置当前驱动器在局域网上的共享信息。

2. 磁盘格式化

　　硬盘和软盘都必须格式化后才能使用,因为操作系统都必须按照一定的方式来管理磁盘,只有格式化后的磁盘才能被操作系统识别。

磁盘的格式化分为物理格式化和逻辑格式化。物理格式化又称为低级格式化,是对磁盘的物理表面进行处理,在磁盘上建立标准的磁盘记录格式,并划分磁道(track)和扇区(sector);逻辑格式化又称高级格式化,是在磁盘建立一个系统存储区域,包括引导记录区、文件目录区 FCT、文件分配表 FAT。

一般情况下遇到的是硬盘的物理格式化,硬盘的高级格式化一般可以在 Windows 和 DOS 两种不同的环境下进行。

在全新安装操作系统时,可使用 DOS 下的 format 命令来完成磁盘的格式化;而单独对除系统盘以外的其他分区进行格式化时,一般会在 Windows 下完成,只需右击要进行格式化的硬盘分区,在弹出的快捷菜单中选择"格式化"选项即可。

3. 磁盘碎片整理程序

磁盘经过长时间的使用后,会出现很多零散的空间和磁盘碎片,一个文件可能会被分别存放在不同的扇区或簇中,这样在访问该文件时系统就需要寻找该文件的不同部分,从而影响了运行速度。同时,由于磁盘中的可用空间也是零散的,创建新文件或文件夹的速度也会降低。使用磁盘碎片整理程序程序可以重新安排文件在磁盘中的存储位置,将文件的存储位置整理到一起,同时合并可用空间,实现提高运行速度的目的。

温馨提示

● 因为对磁盘卷进行碎片整理可能会占用很长时间(取决于卷的大小、文件数量、碎片所占比例以及系统资源的可用性),所以在进行碎片整理之前应先分析磁盘卷,以决定是否值得花时间来运行碎片整理过程。

● 在进行碎片整理时,不要运行任何程序,最好也关闭一切自动运行的、驻留在内存中的程序,关闭屏幕保护等;否则,会导致碎片整理异常缓慢,甚至重新开始整理。

● 频繁地进行磁盘碎片整理操作对硬盘的寿命也有一定影响,建议用户根据使用情况定期整理。

---

4. 磁盘清理程序

当磁盘空间不足时,用磁盘清理程序可以快速清除磁盘空间上的垃圾文件,释放磁盘空间。运行"磁盘清除"程序的操作步骤如下:

①单击"开始"→"所有程序"→"附件"→"系统工具"→"磁盘清理"。

②在弹出的对话框中选择要进行清理的磁盘,并单击"确定"按钮,如图 2-15 所示。

③"磁盘清理"程序会首先对系统进行分析,然后显示一个磁盘清理的报告,如图 2-16 所示。

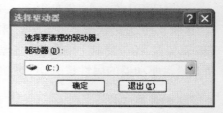

图 2-15　磁盘清理对话框

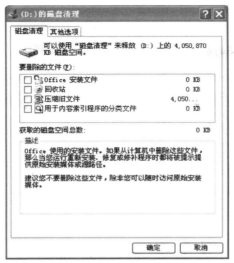

图 2-16　磁盘清理报告对话框

④选中要删除文件类型对应的复选框,单击"确定"按钮,这时系统会弹出警告对话框,单击"是"按钮即可进行清理。

三、任务实施

(1)对磁盘进行清理

单击"开始"按钮→"程序"→"附件"→"系统工具"→"磁盘清理",在弹出的对话框中选择要进行清理的磁盘,并单击"确定"按钮。接下来在弹出的"磁盘清理报告对话框"中选中要删除文件类型对应的复选框,单击"确定"按钮,这时系统会弹出警告对话框,单击"是"按钮即可进行清理。

(2)对磁盘碎片进行整理

单击"开始"→"所有程序"→"附件"→"系统工具"→"磁盘碎片整理程序",在弹出的对话框中选择要进行磁盘碎片整理的磁盘后单击"碎片整理"按钮,碎片整理所费时间较长。

本章小结

本章主要介绍 Windows XP 系统中文件和文件夹的操作及安全管理,Windows XP 系统中桌面、窗口以及窗口的操作。磁盘管理中磁盘属性、磁盘格式化、磁盘碎片整理程序、磁盘清理程序、磁盘维护的知识和操作方法。

习题 2

一、单项选择题

（1）通过操作 Widows XP 窗口的（　　）部分可以拖动窗口移动。

    A. 窗口边框   B. 标题栏   C. 任务栏   D. 菜单栏

（2）如果要在当前激活的窗口中，用键盘完成"最大化"或"最小化"操作，只要按一下（　　），这时就弹出控制菜单。

    A. Alt + F4   B. Ctrl + C   C. Alt + 空格键   D. Alt + Space

（3）有的鼠标在两键中间还有一个快速浏览滚轮，旋转该滚轮可以实现窗口内容的（　　）。

    A. 左右移动   B. 前后翻页

    C. 上下移动   D. 页面反转

（4）Windows XP 操作系统中，主要用（　　）来进行人与系统之间的信息对话。如在运行程序之前或完成任务时输入必要的信息，可以进行对象属性、窗口环境等设置的更改。

    A. 资源浏览器   B. 对话框

    C. IE 浏览器   D. 菜单

（5）菜单名字右侧带有"▶"表示这个菜单（　　）。

    A. 可以复选   B. 重要

    C. 有下级子菜单   D. 可以设置属性

（6）设置（　　）可以防止高亮图像对显示器的损害。

    A. 桌面背景   B. 密码

    C. 屏幕保护程序   D. 显示外观

（7）非法的 Windows XP 文件夹名是（　　）。

    A. x + y   B. x − y   C. x * y   D. XY

（8）在 Windows XP 中使用"磁盘碎片整理程序"，主要是为了（　　）。

    A. 修复损坏的磁盘   B. 缩小磁盘空间

    C. 提高文件访问速度   D. 扩大磁盘空间

二、多项选择题

（1）Windows 操作系统的主要特色有（　　）。

    A. 图形界面   B. 即插即用   C. 长文件名

    D. 多任务   E. 单用户

（2）桌面上的图标可以按（　　）排列。

    A. 类型   B. 日期   C. 大小

    D. 名称   E. 扩展名

（3）桌面上的快捷方式图标可以代表（　　）。

    A. 应用程序   B. 文件夹

C. 用户文档　　　　　　　　D. 打印机

(4)在 Windows XP 操作系统中,常用的菜单有(　　　)。

　　A. 控制菜单　　　　　　　　B. 快捷菜单　　　　　　　C. 对话菜单

　　D. 录入菜单　　　　　　　　E. 命令菜单

三、填空题

(1)在 Windows XP 操作系统中,用户账户有两种:_____和_____。

(2)在中文 Windows XP 状态下,进行中英文的切换方法为_____。

四、判断题

1. 在 Windows XP 操作系统中,不能用大小写来区分文件名。　　　　(　　)

2. 在菜单命令中,执行带有省略号的命令后会弹出对话框。　　　　(　　)

3. 在 Windows XP 操作系统中,当窗口最大化时,不能进行移动窗口操作。　(　　)

4. 在 Windows XP 及其应用程序的下拉菜单中,如果某些命令是灰色的,表示该命令能使用。　　　　　　　　　　　　　　　　　　　　　　　　　　　　　　(　　)

第三章 文字处理软件 Word 的功能和使用

Word 是一个功能极其强大的文字处理软件,是微软公司 Office 办公系列软件中最常用的软件。它适用于制作公文、信函、书籍、报刊、传真及个人简历等各种各样的文档,是目前最受欢迎的文字处理软件。除了文字输入、编辑、排版和打印等基本文字处理功能外,Word 还具有图片插入、图形绘制和灵活的图文混排功能,并且可以在文档中输入和处理各种表格。

知识目标

◆ 掌握 Word 2007 启动、退出和窗口组成等基本知识。
◆ 掌握分页、分节、分栏、页眉/页脚、项目符号等格式化元素的使用方法。
◆ 掌握剪贴画、艺术字、图片的排版方法,掌握"绘图"工具的使用方法。
◆ 掌握 Word 2007 表格制作、编辑和排版的方法。

能力目标

◆ 学会 Word 2007 中文字输入和编辑的基本操作。
◆ 熟练操作 Word 2007 字符格式、段落格式和页面的设置。
◆ 熟练运用 Word 2007 的标准菜单和工具栏进行文档处理。
◆ 能够使用表格设计制作文档。

任务一 安装和卸载 Office 2007

一、任务描述

小陈担任了部门秘书一职,发现办公室的计算机安装的是 Microsoft Office 2003,这个版本已经陈旧了,于是他去电脑城买了 Microsoft Office 2007 安装软件,准备重新安装。

二、任务实施

1. Office 2007 软件的安装

①将 Office 2007 的安装驱动光盘放入光驱,在桌面上双击"我的电脑"图标,打开"我的电脑"窗口,双击"DVD 光盘驱动器"。

②打开"Office 2007"窗口,在该窗口中找到扩展名为".exe"的安装程序文件,双击该文件,如图 3-1 所示。

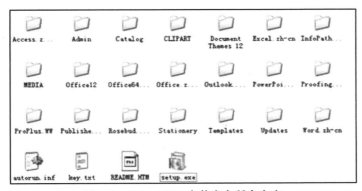

图 3-1　Office 2007 安装光盘所含内容

③启动该安装程序,同时打开"2007 Microsoft Office system"对话框,提示用户安装程序正在准备必要的文件,如图 3-2 所示。

图 3-2　安装程序准备必要文件界面

④稍等片刻进入"输入您的产品密钥"对话框,用户需要在该界面的文本框中输入安装光盘中所提供的 25 个字符的产品密钥,输入完毕并通过验证后,会在该文本框右侧显示出一个提示符,此时单击右下角的"继续"按钮,如图 3-3、图 3-4 所示。

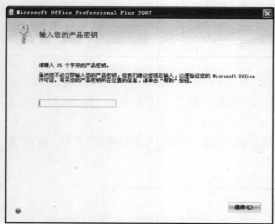

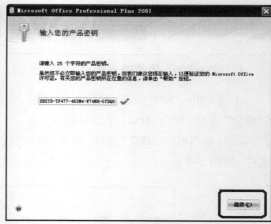

图 3-3　提示输入产品密钥　　　　　　　图 3-4　密钥验证成功

⑤进入"选择所需安装"对话框,用户可以根据实际需要在该对话框中选择一种安装类型。如果要在以往版本的基础上进行升级安装则需要单击"自定义"按钮,如果要进行重新安装则需要单击"自定义"按钮,这里单击"自定义"按钮,如图 3-5 所示。

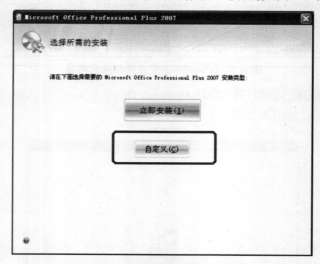

图 3-5　安装类型选择对话框

⑥进入"安装选项"选项卡,这里列出了 Office 2007 的所有程序组件。用户可以对需要安装的程序进行设置,即可以选择全部安装,又可以根据需要进行自定义安装,如图 3-6 所示。

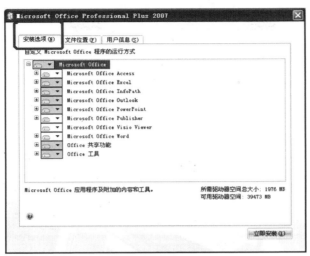

图 3-6　安装选项窗口

⑦切换到"文件位置"选项卡,用户需要在该选项卡中设置软件的安装路径。此时在该选项卡中的文本框中显示的是系统默认的软件安装位置,用户可以保持默认设置不变,也可以自定义安装位置。在该文本框的下方显示的是安装该程序所需要的空间大小和可用驱动器空间大小,如图 3-7 所示。

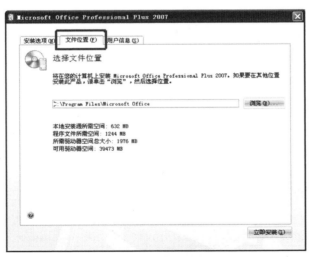

图 3-7　安装路径选择窗口

⑧切换到"用户信息"选项卡,用户可以根据实际情况在"键入您的信息"组合框中的"全名""缩写""公司/组织"文本框中分别输入相关的用户信息,输入完毕单击"立即安装"按钮,如图 3-8 所示。

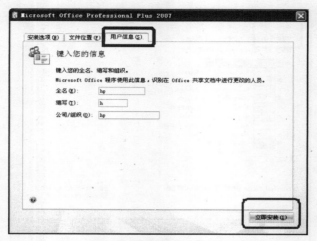

图3-8 用户信息注册界面

⑨进入"安装进度"对话框,系统开始安装 Office 程序组件,并在该对话框中以进度条的形式显示安装进度,如图 3-9 所示。

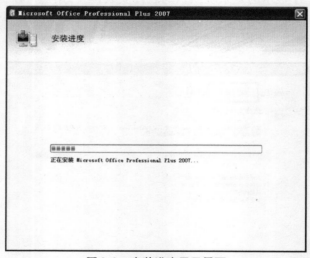

图3-9 安装进度显示界面

⑩在系统将安装程序中的所有文件都复制到本地电脑之后,进入"已成功安装 Microsoft Office professional Plus 2007"对话框,提示用户安装成功,此时单击"关闭"按钮。

⑪将 Office2007 软件安装到本地计算机上之后,在桌面上单击"开始"菜单按钮,在弹出的"开始"菜单中选择"所有程序"→"Microsoft Office"菜单项,在其级联菜单中即可看到所安装的 Office 2007 程序组件菜单项,如图 3-10 所示。

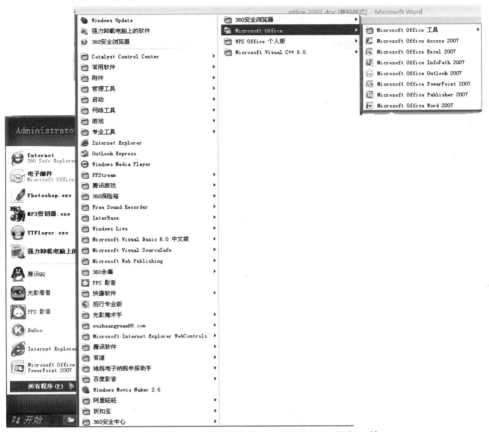

图 3-10 在"开始"菜单中找到 Office 2007 程序组件

2. Office 2007 软件的卸载

如果用户不再使用 Office 2007 的所有程序组件，或者需要安装新版本的 Office 软件时，可以将当前的 Office 软件从计算机上卸载。

①单击"开始"→"控制面板"菜单项，如图 3-11 所示。

②打开"控制面板"窗口，双击"添加/删除程序"图标，如图 3-12 所示。

图 3-11 选择"控制面板"菜单项

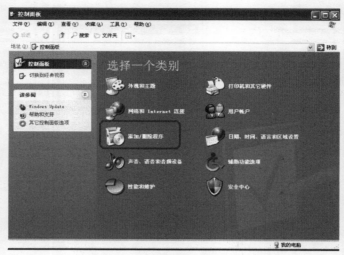

图 3-12　选择"添加/删除"程序

③打开"添加或删除程序"窗口,在当前窗口中找到"更改或删除程序"选项卡,然后找到"Microsoft Office Professional Plus 2007"选项,单击该选项显示其详细信息,然后单击"删除"按钮,如图 3-13 所示。

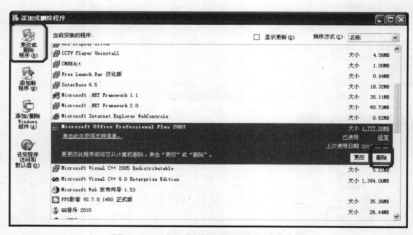

图 3-13　进入"添加或删除程序"步骤

④询问用户是否确定将"Microsoft Office Professional Plus 2007"从本地计算机上删除,单击"是"按钮,如图 3-14 所示。

图 3-14　是否删除程序对话框

⑤打开"Microsoft Office professional Plus 2007"对话框,系统开始卸载 Office 2007 的所有组件,并在该对话框中显示卸载进度,如图 3-15 所示。

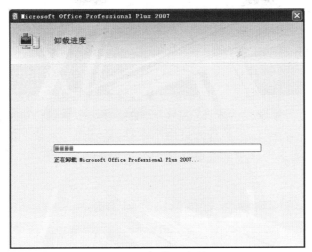

图 3-15 卸载进度界面

⑥卸载完毕。在该对话框中显示"已成功卸载'Microsoft Office professional Plus 2007'"的提示信息,单击"关闭"按钮,关闭对话框即可,如图 3-16 所示。

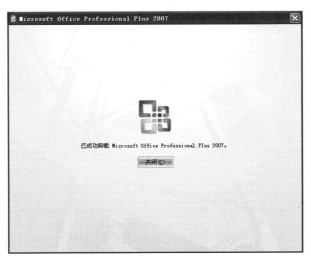

图 3-16 成功卸载 Office 2007

任务二　制作会议通知函

一、任务描述

××省信息协会将组团外出考察,需要下发公文通知各地级市协会。小陈需要按照公文格式制作一个通知,将标题设为宋体、四号字、加粗、居中,第二行内容设为宋体、五号字、居中;正文设为宋体五号字,段落首行缩进两个字符;最后两行落款和时间,设为宋体、五号字、右对齐;页面设置纸张为 A4,页边距分别为上 2.5 cm、下 2.4 cm 左右均为 2 cm。效果如图 3-17 所示。

关于 2012 年××省信息协会组团赴××考察的通知

(2012 年×月×日)外字(2012)××号

各地级市、省直管县信息协会:

××省信息协会将于 2012 年×月组织代表团赴××参加政府信息化建设和政府管理改革的考察研讨活动。代表团人数为××人,在外时间为×天。

本次考察目的是为了加快××省电子政务的发展,促进政府信息化的建设。改革政府行政管理,学习先进经验,了解最新动态。在××访问期间,我们将安排访问人员拜会××政府,参观政府的信息管理机构,并安排××省著名学府、对口座谈和交流活动等。

请参团人员认真填写报名表,经单位领导签字盖章后,与×月×日前用传真发至××省信息协会。所有报名人需经××省信息协会和××省计委的审批。

报名及联系方式:××市××路×号××省信息协会培训部　邮编 800045

联系人:×××　电话:12345678　传真:12345678　E-mail:×××@××.org.cn

××省信息协会

2012 年×月×日

图 3-17　公文格式示例图

二、任务准备

1. Word 2007 常规操作

(1)启动 Word 2007

单击"开始"菜单按钮,选择"所有程序"→"Microsoft Office"→" Word 2007"单击即可启动 Word 2007,如图 3-18 所示。

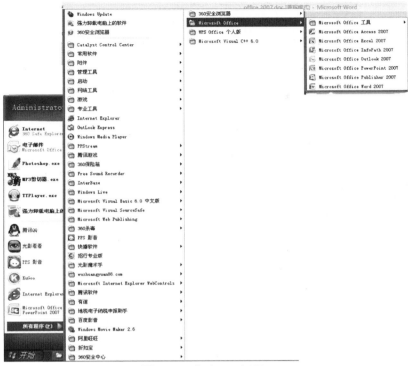

图 3-18 启动 Word 2007

启动成功后,出现如图3-19所示界面,这个界面就是以后文字编辑会涉及的界面。
(2)Word 2007 的工作界面(如图3-19所示)

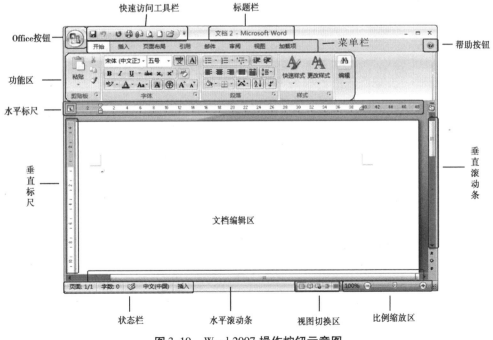

图 3-19 Word 2007 操作按钮示意图

49

●标题栏:显示当前活动文档的文件名。若用户没有给文件取名,则程序自动将其命名为"文档 n"(其中 n 为 1,2,3……),用户可以在该文档存盘时为其命名。

●菜单栏:提供对文档处理和程序功能设置的命令集。

●功能区:用以快速实现中文 Word 2007 的各种操作。

●标尺:用于调整文本段落的缩进,文本内容限制在左、右缩进标记之间,文本随左、右缩进滑块的移动作出相应的调整。

●状态栏:位于屏幕底部,用于即时提示当前页码、行号、列号等编辑状态。

●文档编辑区:进行图文编辑和排版的工作区域。

●滚动条:拖动其滑块(也称定位块)可将当前编辑区不可见的文本移动到可视区域。

●Office 按钮:新建、保存、打印文档的功能。

●视图切换:改变文档显示方式。

●比例缩放:调整文档显示大小。

●帮助按钮:便于及时查找 Word 的使用方法。

(3)新建空白文档

Word 启动时都会自动打开一个空白文档,并且将其命名为"文档1"。如果 Word 窗口已经打开,单击 Office 按钮,"新建"→"空白文档"可以直接新建一个空白文档。

如果需要新建一些特殊的文档,单击"Office"按钮,选择"新建"命令,可以打开"新建文档"的任务窗格,如图 3-20 所示。

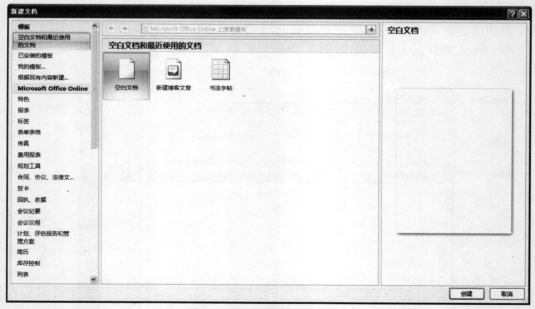

图 3-20　打开"新建文档"窗口

选中"空白文档"方式,Word 就会创建一个标准空白文档,这与启动时默认创建的空白文档相同。当然,也可以选择已安装的模板,创建需要的文档。

(4)保存文档

将当前编辑的文档以文件的形式在外存储器上存储起来,称为文档存盘。

"保存"通常是将修改后的旧文档仍按原文件名存盘。如果当前文档是尚未保存过的新文档,那么执行 Word 按钮下的"保存"选项,也可以按"Ctrl + S"快捷键,在对话框中输入文件名,选择路径,单击"确定"按钮即可。

如果当前文档是以前保存过的旧文档,那就应该执行"另存为"命令存盘。

日积月累

在使用 Word 时,用户所编辑的文档是暂时存在计算机的内存中的。如果不进行及时存盘,一旦停电或者非法关闭计算机,就可能造成文档中数据的丢失。

(5)退出 Word 软件

Word 使用完毕后应按下列方法之一正常退出,否则可能造成文档数据的意外损失。

● 单击标题栏上的"关闭"按钮;

● 选择 Office 按钮下的"退出 Word"命令;

● 双击 Office 按钮 图标;

● 使用快捷键"Alt + F4"。

在退出 Word 时,程序将首先关闭当前已打开的全部文档。如果其中某个文档尚未进行存盘操作,程序则将弹出对话框询问是否需要保存对这些文档的修改,如图 3-21 所示。

图 3-21 是否保存对文档的修改对话框

2. 文本输入

(1)输入普通文字

首先,创建一个空白文档,在文档编辑区中输入文本。文本编辑区内有一条不停闪烁的竖线,我们称为"插入点"。输入内容后,插入点会随文字移动,文字始终输入在插入点后面。用鼠标和键盘方向键都可以改变插入点的位置。

(2)输入特殊符号

在 Word 文档中,我们总会遇到一些键盘上没有的特殊符号,例如圆周率"π",电阻单位"Ω"等。输入特殊符号有多种方法,最常用的是选择"插入"菜单中的 命令,选择其他符号,将弹出如图 3-22 所示的"符号"对话框,可以在其中查找并输入各种特殊符号。通过其中的"子集"组合框,用户可以选择符号类型。采用下列两种方法则可将其中显示的符号插入到当前文档的插入点位置。

● 单击需要的符号,然后单击"插入"按钮。

● 双击需要的符号。选择"符号"对话框中的"特殊字符"选项卡还有长划线、商标符号等特殊字符的输入功能,如图 3-23 所示。

图 3-22 "符号"选择对话框

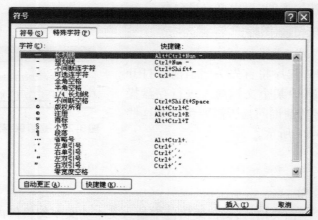

图 3-23 "特殊字符"选择对话框

（3）换行

• 自动换行：在输入文本时，当文字到达标尺栏上的右缩进位置后，Word 将自动换行，并将自动避免标点符号处于行首。

• 强制换行：在每个自然段结束时需要强制换行。当用户需要强行从新的一行开始录入文字时，只要按下键盘上的"Enter"键，即在当前位置插入一个段落标记，表示当前自然段结束。Word 会在当前行的下面自动添加一新行，同时插入点移至新行的行首。

3. 编辑文档

Word 的编辑操作是指对文档中的文本内容进行修改、插入、移动、删除等操作。

（1）插入点定位

插入点定位就是将插入点移动到文档的预定位置，可以用鼠标和键盘实现。

• 用键盘定位：按方向键可以使插入点相对于当前位置上下左右移动。

"Home"键：插入点移动到本行行首；

"End"键：插入点移动到本行行尾；

"PgUp"键：上翻一屏；

"PgDn"键：下翻一屏；

"Ctrl + Home"键：插入点移动到文档开始位置；

"Ctrl + End"键：插入点移动到文档结束位置。

● 用鼠标定位：在文本区的任意位置单击鼠标，就可以将插入点直接定位在该处。

（2）插入与改写

"插入"代表一种输入状态，显示在状态栏处，表示输入文字后，新的内容不会覆盖原有的内容，而是原有的内容自动向后挪动，为新插入的文本腾出空间。当启动 Word 时，插入是默认状态。

与"插入"对应的是"改写"。在"改写"状态下，新输入的文本会自动覆盖插入点后的原有的文本。在绝大多数情况下，我们不选择"改写"模式，因为在"改写"模式下，新输入的文本常常覆盖了我们需要的文本。

单击当前状态栏中的"插入"字样就会显示为"改写"字样，表示当前输入状态已设为"改写"状态。

（3）选定文本

在编辑或者排版文本之前，首先要选定文本。Word 提供了多种选定文本的方法，可以用鼠标或者键盘来选定文本。

● 使用鼠标选定文本

①选定一个单词：直接双击需要选定的单词。

②选定一句：按住"Ctrl"键，然后单击要选定的句子即可。

③选定一行：鼠标指向目标行左边的选定栏，当鼠标指针变为向右倾斜的箭头时单击鼠标即可。

④选定一段落：鼠标指向要选定的段落，然后连续单击鼠标 3 次，即可选定目标段落，此外，在任意段落左侧的选定栏中双击鼠标也可以选定相应的段落。

⑤选定任意连续文本：鼠标指向要选定的文本的起始处，按住鼠标左键不放，拖动鼠标到目标文本的末端，再放开鼠标，即可选定拖动的首末位置之间的连续文本。此外，按住"Shift"键，再单击编辑区中除当前插入点位置外的其它任意位置，也可以直接选定插入点到单击位置之间的所有连续文本。

⑥选定整个文本：在选定栏的任意位置连续单击鼠标 3 次，可以选定当前文档中的全部文本。

⑦选定一矩形块文本：按住"Alt"键再拖动鼠标，可以选定以拖动起点和终点为对角线的矩形域内的文本。

● 使用键盘组合键选定文本

使用中文 Word 2007 提供的文本选定组合键可以轻松地实现文本选定，如表3-1 所示。

表 3-1　文本选定的键盘操作方式

组合键	选定范围
Shift + →	选定插入点右边的一个字符或者汉字
Shift + ←	选定插入点左边的一个字符或者汉字
Shift + ↑	选定到上一行同一位置之间的所有字符或者汉字
Shift + ↓	选定到下一行同一位置之间的所有字符或者汉字
Shift + Home	选定到行首
Shift + End	选定到行尾
Ctrl + Shift + Home	选定到文档开头
Ctrl + Shift + End	选定到文档的结尾
Ctrl + A	选定整个文档

（4）修改文本

在输入文本时若发生输入错误,可以按下列方法修改:

●删除单个字符:按"Delete"键可以删除插入点右边的字符,按"Backspace"键可以删除插入点左边的字符。

●删除多个字符:可以用于快速删除文档中任意的连续文本。操作方法如下:

①选定要删除的词、句、行、段落或者其他任意连续的文本,也可以选定整个文档。

②按"Backspace"键或者"Delete"键执行删除操作。

（5）复制文本

当出现大段重复的文本内容时,复制是最节省时间的方法。

●用拖动法复制文本

①选定所要复制的内容。

②将鼠标指针指向所选定的内容。

③按住"Ctrl"键,然后按住鼠标左键拖到新的位置,松开鼠标左键。

●用"编辑"菜单来复制文本

①选定所要复制的文本。

②单击"编辑"→"复制"命令。

③将光标插入点移到目标位置。

④单击"编辑"→"粘贴"命令。

●用"常用"工具栏按钮命令来复制文本

①选定所要复制的文本。

②单击"常用"工具栏中的"复制"按钮。

③将光标插入点移到目标位置。

④单击"常用"工具栏中的"粘贴"按钮。

●用快捷键来复制文本

①选定所要复制的文本。

②按住"Ctrl + C"快捷键。

③将光标插入点移到目标位置。

④按住"Ctrl + V"快捷键。

（6）移动文本

若文本的位置安排不合适,可以通过移动操作调整文本的顺序。

●用拖动法来移动文本

①选定所要移动的文本。

②将鼠标指针指向要移动的文本。

③按住鼠标左键拖动,将选定的文本拖到新的位置,松开鼠标左键。

●用"编辑"菜单来移动文本

①选定所要移动的文本。

②单击"编辑"→"剪切"命令。

③将光标插入点移动到目标位置。

④单击"编辑"→"粘贴"命令。

●用"常用"工具栏按钮命令来移动文本

①选定要移动的文本。

②单击"常用"工具栏中的"剪切"按钮。

③将光标插入点移到目标位置。

④单击"常用"工具栏中的"粘贴"按钮。

●用快捷键来移动文本

①选定要移动的文本。

②按"Ctrl + X"快捷键。

③将插入点移到目标位置。

④按"Ctrl + V"快捷键。

（7）多次剪贴操作

在编辑文档时,用户可能经常要重复使用早些时候曾经"剪切/复制"过的内容,也可能需要将多个位置的文本移到同一位置,如果每次都要执行"剪切/复制"操作,显得非常麻烦。Office2007 提供的剪贴板最多可以同时保存 24 次"剪切/复制"的内容,可以轻松完成此类操作。

Office 2007 的剪贴板比起 Windows 系统本身的剪贴板来,功能要强大得多。Office 剪贴板可以收集多个复制或者剪切的内容,用户也可以选择粘贴其中任意一个剪贴板对象或者是全部对象。

Word 2007 的剪贴板工具出现在开始菜单模块中,直接单击"剪切板"右边的箭头,就会出现剪切板任务窗格,如图3-24 所示。

●粘贴单个对象:先将光标定位到需要粘贴的位置,然后单击 Office 剪贴板中的相应对象。

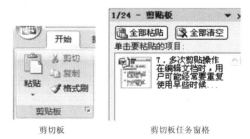

剪切板　　　　　　　　剪切板任务窗格

图3-24　"剪切板"工作窗口

● 全部粘贴:先将光标定位到需要粘贴的位置,再单击 Office 剪贴板任务窗格上部的"全部粘贴"按钮。

(8)撤销和恢复

一般来说,误操作是难免的,Word 提供了非常有用的撤销、恢复功能。当用户进行插入、删除等操作时,Word 会记录下来,便于在编辑时撤销误操作或者回去前一条命令。

● 撤销一次或者多次操作:若要取消最近的操作(连续的几次操作),可以选择"快速工具栏"的"撤销"命令按钮 。当执行一次"撤销"命令后,若又要"撤销"刚才的"撤销"操作,又可以选择该工具中的"恢复"命令按钮 。注意:只有执行了"撤销"操作后,"恢复"功能才有效。

● 重复执行某项操作:除可以取消上次操作外,用户还可通过编辑"快速工具栏"中的"重复"命令 实现重复操作。

4.格式排版

利用 Word 可以编排出丰富多彩的文档格式。主要包括字符格式(字体、字号等)、段落格式(行间距、段间距等)、页面设置(横排/竖排、页面尺寸等)。

(1)设置字符格式

字符格式化包括字体、字号、字型、颜色、上下标、下划线、字间距等。其中字体是指字符的形体;字号是字符的尺寸标准;字形是附加的字符形体属性,例如粗体、斜体或其组合。中文 Word 2007 预设了字符的缺省格式为"黑色""宋体""五号",若要修改现有文字的格式,应首先选定这些文字,再按下列方法对其进行格式化。

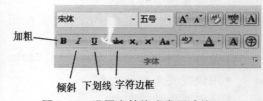

图 3-25 设置字符格式常用功能

● 使用"常用格式"功能:在功能区里所显示的内容为常用功能,如图 3-25 所示。

图 3-26 "字体"设置界面

• 使用"字体"对话框:选择常用格式功能"字体"旁边的箭头,程序将弹出如图3-26所示的"字体"对话框。其中,"字体"选项卡用于设置字体、字形、字号等基本格式,"字符间距"选项卡用于设置字符的缩放、字间距和位置,"动态效果"选项卡用于设置字符的动画效果。

完成本次任务需要在字体对话框中对标题进行设置,把标题内容"关于2012年××省信息协会组团赴××考察的通知"设置为"宋体""四号"字、"加粗";第二行内容设为"宋体""五号"字;正文内容设为"宋体""五号"字,段落标题加粗。

图3-27　"格式刷"所在位置

• 使用"格式刷"工具:"格式刷"是非常实用的一个功能,它的作用是:将选定对象(字符或者段落)的格式复制到另一对象上。其所在的位置如图3-27所示。

在文档排版过程中,可能经常遇到需要将多处不连续的文本设置成相同的字符格式,或者段落格式,但中文 Word 2007 不允许同时选定不连续的文本内容。如果每处都单独设置又很麻烦,这时可以选定设置好格式的源对象;然后单击"格式刷"按钮获取格式(此时鼠标指针将变成格式刷形态);再通过滚动条找到目标对象,对目标对象用鼠标拖动的方式进行一次选定操作即可。完成一次操作,格式刷自动失效,恢复为指针箭头。

若要将格式复制到位置不同的多个对象,可以在选定源对象后双击"格式刷",然后将格式复制到每个目标对象,完成后按"Esc"键或者再次单击"格式刷"取消其作用。

(2)设置段落格式

段落格式化的内容包括:段缩进、对齐、行间距、段间距等。常用的段落格式化工具有"标尺"和"段落"对话框,如图3-28所示。

当要对某个段落进行格式设置时,应首先将插入点移动到目标段落中的任意位置。若要对多个连续的段落进行操作,则必须选定这些段落。

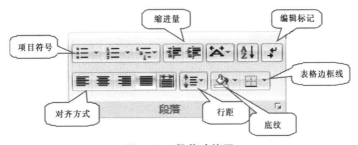

图3-28　段落功能区

①段落缩进

• 使用标尺调整段落缩进:选择需要调整的段落,然后拖动水平标尺(横排时)或者垂直标尺(竖排时)上相应的缩进滑块到合适的位置即可。为调整精确,也可以在拖动缩进滑块时按住"Alt"键。

• 使用段落功能区按钮调整段落缩进:选择需要调整的段落,单击一次"格式"工具栏"增加缩进量"按钮,段落右移一个五号汉字的宽度;单击一次"减少缩进量"按钮,段落左移一个五号汉字的宽度。

●使用"段落"对话框调整段落缩进:选择需要调整的段落,执行"格式"菜单中的"段落"命令,程序将弹出"段落"对话框,选择其中的"缩进和间距"选项卡,如图所示。通过"缩进"选项区即可精确设置段落的各种缩进距离。

②对齐

在选择需要设置的段落后,通过单击"格式"工具栏上相应的对齐按钮即可轻松地设置段落的对齐方式。

●两端对齐:将所选段(除末行外)的左、右两边同时对齐或者缩进。

●左对齐:使段落各行向左对齐,而不管右边是否对齐。

●居中:使文本、数字或者嵌入对象在排版区域内居中。

●右对齐:使段落各行向右对齐,而不管左边是否对齐。

●分散对齐:通过调整字间距,使段落或者单元格文本的各行等宽。

此外,在选择需要设置的段落后打开如图所示"段落"对话框,通过其中的"对齐方式"组合框亦可以设置段落的各种对齐方式。

③行间距与段间距

行间距是指同一段落中行与行之间的距离,段间距是指相邻两个段落间的距离。设置方法是:选择需要设置的段落后打开"段落"对话框,如图 3-29 所示;然后在"间距"选项区进行设置。通过"段前"和"段后"的磅值可以设定段落间的距离。当行距选用"固定值"时,可以指定行的绝对高度,若字符实际高度超过行高,字符将不能完全显示。

图 3-29 "段落"设置对话框

完成本任务需要在"段落"对话框中设置缩进量,段落首行缩进两个字符;标题设置为"居中对齐";第二行时间设为"居中对齐";最后落款和时间设为"右对齐"。

(3)页面设置

文档排版时通常还需要对纸张类型、页边距、总体版式等页面属性进行设置。设置页面属性要在"页面设置"对话框中完成,如图 3-30 所示。选择"页面布局"菜单中的"页面设置"旁的箭头按钮即可打开此对话框。

"页面设置"对话框中有 5 个选项卡,主要功能分别如下:

● 页边距:是指正文编辑区与纸张边缘的距离。Word 都在页边距以内打印文本,只有页眉、页脚和页码等打印在页边距上。

● 纸张:是指 Word 编排文档时所使用的纸张尺寸类型。例如 A4、B5、信封、16 开等纸型。

● 纸张来源:用以设置文档或者指定页(例如首页)在打印输出时采用自动送纸或者手动送纸。激光打印机和喷墨打印机的纸张可源于自动送纸盒。

● 版式:主要用于设置节的起始位置,奇偶页的页眉和页脚是否相同等属性。

● 文档网格:可以用于设置每一页的行、列数,以及文字的排列方向。

图 3-30　"页面设置"对话框

本次任务需要在此对话框中完成页面设置,页边距分别设为上 2.5 cm、下 2.4 cm,左右均为 2 cm,纸张选项卡中,选择纸张大小为 A4。

(4)打印预览

如果系统中已经安装好打印机和驱动程序,就可以直接打印 Word 文档了。打印之前,最好先预览一下打印的效果,改正可能的错误。操作步骤:"单击 Office 按钮"→"打印"→"打印预览"。预览完毕后单击其中的"关闭"按钮即可。

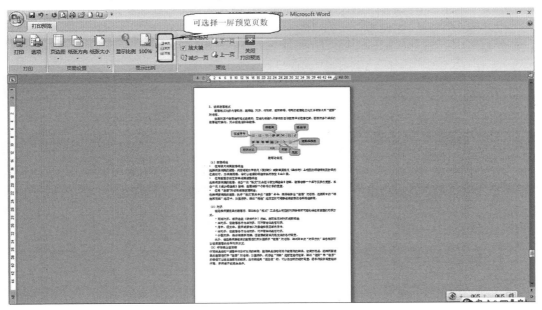

图 3-31　"打印预览"界面

在如图 3-31 所示的预览窗口中,可以通过相应按钮实现全屏显示、显示或隐藏标尺、设置多页显示、单页显示、缩小或者放大比例等。

(5)打印文档

文档编排完毕,通过"打印预览"检查无误后即可打印。选择"单击 Office 按钮"→"打印"→"打印"命令将弹出如图 3-32 所示的"打印"对话框。用户可以根据需要设置各种打印参数。

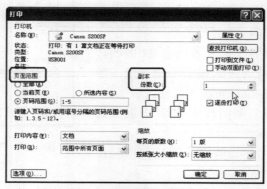

图 3-32 "打印"设置对话框

●"打印机"设置区:可以选择打印机类型,通过其中的"属性"按钮可以详细设置打印模式,包括打印质量、彩色或者黑白打印、打印纸类型等。

●"页面范围"区:选择要打印的页面。选取"全部"单选钮将打印当前文档的全部页面;选取"当前页"则只打印插入点所在页面;选取"页码范围"则可以打印指定页面,这时需指定要打印的页码,用"-"可以指定连续页,用","可以指定不连续的页。例如"3-6"意即第 3~6 页;而"3,6"则表示第 3 页和第 6 页。

●"份数"组合框:用以指定打印份数。例如本次任务,小陈需要将制作的会议通知函打印 20 份,所以此处的"份数"应修改为 20。

日积月累

●如果系统中没有安装打印机,则 Word 无论执行打印预览还是试图执行打印操作,都可能出现没有安装打印机的提示信息,同时预览结果与实际排版效果可能严重不符。因此,即使当前没有打印机,也可以先安装一种打印机的驱动程序。

●打印预览的某些结果可能与所安装的打印机驱动程序有一定的相关性,例如某些打印机不支持较大幅面时,设置更大的纸张大小就可能存在问题。

三、任务实施

①打开"\素材\第 3 章\会议通知. docx",如图 3-33 所示。

关于 2012 年××省信息协会组团赴××考察的通知

(2012 年×月×日)外字(2012)××号

各地级市、省直管县信息协会：

××省信息协会将于 2012 年×月组织代表团赴××参加政府信息化建设和政府管理改革的考察研讨活动。代表团人数为××人，在外时间为×天。

本次考察目的是为了加快××省电子政务的发展，促进政府信息化的建设。改革政府行政管理，学习先进经验，了解最新动态。在××访问期间，我们将安排访问人员拜会××政府，参观政府的信息管理机构，并安排××省著名学府、对口座谈和交流活动等。

请参团人员认真填写报名表，经单位领导签字盖章后，与×月×日前用传真发至××省信息协会。所有报名人需经××省信息协会和××省计委的审批。

报名及联系方式：××市××路×号××省信息协会培训部　邮编 800045

联系人:×××　电话:12345678　传真:12345678　E-mail:×××@××.org.cn

××省信息协会

2012 年×月×日

图 3-33　"会议通知"具体内容

②设置标题样式：选中标题，如图 3-34 所示。在工具栏中选择对应的属性将其设置为宋体、四号字、加粗、居中，如图 3-35 所示。

关于 2012 年××省信息协会组团赴××考察的通知

(2012 年×月×日)外字(2012)××号

图 3-34　选中"会议通知"标题

关于 2012 年××省信息协会组团赴××考察的通知

图 3-35　设置主标题字体

③将其第二行内容设为宋体，五号字，居中，如图 3-36 所示。

关于 2012 年××省信息协会组团赴××考察的通知

(2012 年×月×日)外字(2012)××号

图 3-36　设置标题第二行的字体

④首先选中正文将其设为宋体五号字,单击"段落"右下角的按钮,如图 3-37 所示。

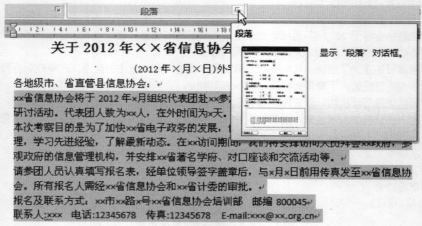

图 3-37　设置正文字体

弹出如图 3-38 所示对话框,在"特殊格式"处选择"首行缩进"两个字符。

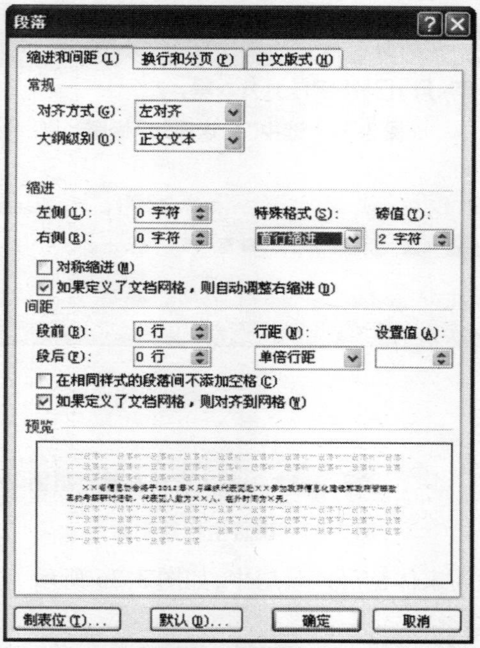

图 3-38　段落设置

效果如图 3-39 所示。

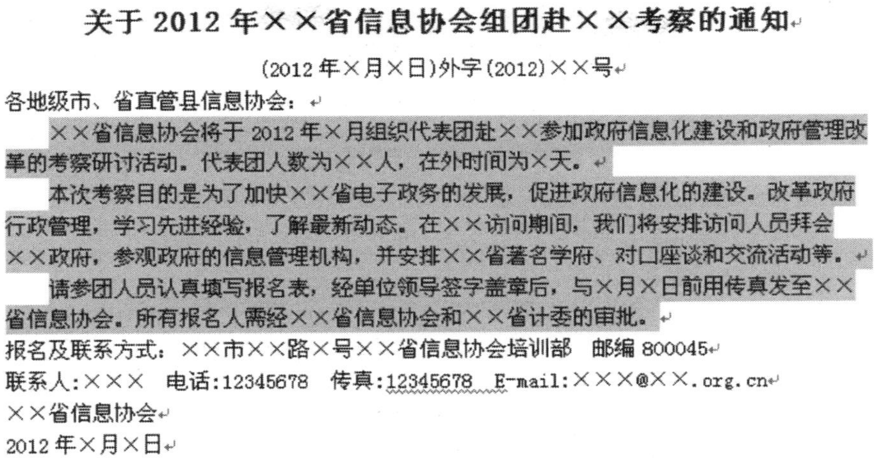

关于 2012 年××省信息协会组团赴××考察的通知

(2012 年×月×日)外字(2012)××号

各地级市、省直管县信息协会：

　　××省信息协会将于 2012 年×月组织代表团赴××参加政府信息化建设和政府管理改革的考察研讨活动。代表团人数为××人，在外时间为×天。

　　本次考察目的是为了加快××省电子政务的发展，促进政府信息化的建设。改革政府行政管理，学习先进经验，了解最新动态。在××访问期间，我们将安排访问人员拜会××政府，参观政府的信息管理机构，并安排××省著名学府、对口座谈和交流活动等。

　　请参团人员认真填写报名表，经单位领导签字盖章后，与×月×日前用传真发至××省信息协会。所有报名人需经××省信息协会和××省计委的审批。

报名及联系方式：××市××路×号××省信息协会培训部　邮编 800045

联系人：×××　电话：12345678　传真：12345678　E-mail：×××@××.org.cn

××省信息协会

2012 年×月×日

图 3-39　正文字体效果图

⑤最后两行落款和时间，设为宋体、五号字、右对齐，如图 3-40 所示。

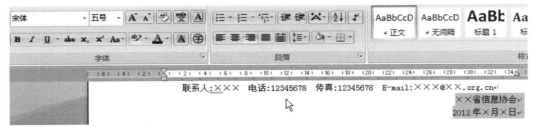

图 3-40　落款文字字体设置

⑥选择页面设置面板，如图 3-41 所示。

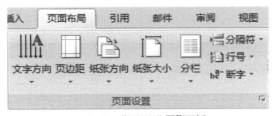

图 3-41　"页面设置"面板

　　单击右下角的按钮，弹出属性对话框，如图 3-42 所示，设置页边距分别为上 2.5 cm、下 2.4 cm 左右均为 2 cm。

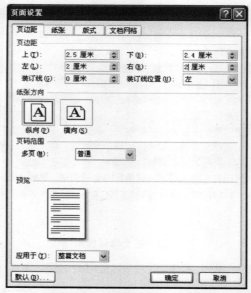

图 3-42 "页面设置"对话框

选择纸张属性,页面设置纸张为 A4,如图 3-43 所示。

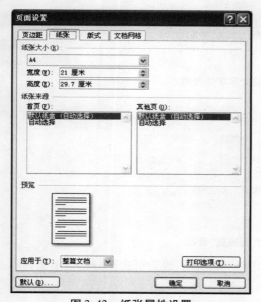

图 3-43 纸张属性设置

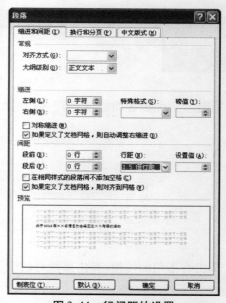

图 3-44 行间距的设置

⑦选中全文,将其行间距设置为 1.5 倍行距,如图 3-44 所示。

⑧分别将"各地级市、省直管县信息协会:""报名及联系方式:"和"联系人:"加粗显示,效果如图 3-45 所示。

关于 2012 年××省信息协会组团赴××考察的通知

(2012 年×月×日)外字(2012)××号

各地级市、省直管县信息协会：

　　××省信息协会将于 2012 年×月组织代表团赴××参加政府信息化建设和政府管理改革的考察研讨活动。代表团人数为××人，在外时间为×天。

　　本次考察目的是为了加快××省电子政务的发展，促进政府信息化的建设。改革政府行政管理，学习先进经验，了解最新动态。在××访问期间，我们将安排访问人员拜会××政府，参观政府的信息管理机构，并安排××省著名学府、对口座谈和交流活动等。

　　请参团人员认真填写报名表，经单位领导签字盖章后，与×月×日前用传真发至××省信息协会。所有报名人需经××省信息协会和××省计委的审批。

报名及联系方式：××市××路×号××省信息协会培训部　邮编 800045

联系人:××× 电话:12345678　传真:12345678　E-mail:×××@××.org.cn

××省信息协会

2012 年×月×日

图 3-45　"会议通知"最终效果图

任务三　制作 3G 资料文稿

一、任务描述

部门领导要小陈为其准备一个关于 3G 的资料文稿,要求图文并茂。小陈选择用 Word 软件进行图文排版制作,如图 3-46 所示。

3G (3rd-generation,第三代移动通信技术),是指支持高速数据传输的蜂窝移动通讯技术。3G 服务能够同时传送声音及数据信息,速率一般在几百 kbps 以上。目前 3G 存在四种标准:CDMA2000,WCDMA,TD-SCDMA ,WiMAX。

三代移动通信标准,中国□正式成为国际标准,与欧□ CDMA2000 成为 3G 时代最□一。

2008 年 5 月 24 日,□ 国家发改委、财政部联合发□ 信体制改革的通告》,鼓励□ 联通(600050,股吧)CDM□ 用户),中国联通与中国网□ 的基础电信业务并入中国□入中国移动,国内电信运□家。

2008 年 6 月 2 日,中□ 提出以协议安排方式对两□ 每股中国网通股份将换取□ 股份,每股中国网通美国存□ 股中国联通美国存托股份。□ 将以总价 1100 亿元收购联□

2008 年 7 月 29 日,□

图 3-46　资料文稿效果图

二、任务准备

在用 Word 对文字和图片进行图文混排时,经常会使用的图形元素主要有:Office 自带的"剪贴画"和"艺术字"、Office 自带的"绘图"工具,以及各种常见格式的计算机图片文件等。

日积月累

• Word 文档中的图片来源很多,例如 Microsoft Office 自带的"剪贴画",用各种图形编辑软件制作的图片,或者用数码相机等设备获取的图片,都可以在 Word 文档中使用。

• 网上可供用户选择的图片也很多,不过有些图片是有版权的,使用时要注意。

1．图形处理

（1）插入剪贴画

与以前的 Office 版本相比，Office 2007 插入"剪贴画"的方法有了较大改变，主要通过对话框来完成搜索、浏览剪辑库，以及插入需要的"剪贴画"，如图 3-47 所示。

单击"插入"菜单，选择"剪贴画"按钮，便会出现"剪贴画"对话框。在"搜索文字"下方输入图片的关键字例如"足球"，单击"搜索"按钮。搜索完成后，在任务窗格下方将显示出与关键字符合的剪贴画。

如果让"搜索文字"的输入框为空白，单击"搜索"按钮，则会显示出所有的剪贴画。

在选中的图片上单击，就可以将剪贴画插入文档。

（2）插入图片

单击"插入"菜单，选择"图片"按钮，便会出现"插入图片"对话框，如图 3-48 所示。在"查找范围"内找到符合的图片单击"插入"，即可将图片插入到当前光标闪烁的位置。

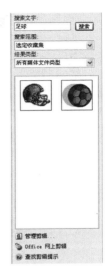

图 3-47　"剪贴画"对话框

图 3-48　"插入图片"对话框

为方便用户，Word 2007 自带简单的图片编辑功能，例如调整图片尺寸、位置和环绕方式、裁剪图片、调整图片的亮度和对比度等。

图 3-49　Word 2007 自带图片编辑功能

在文档中单击插入的图片时,图片自动处在选定状态,此时图片的周边将显示 8 个实心控点,称为控制柄,同时弹出"格式"工具栏。要取消图片的选定状态,单击图片外的任意编辑区位置即可。

①设置图片大小

•使用鼠标缩放图片:当选定图片时,用鼠标拖动图片上的恰当控点即可任意改变图片的尺寸。若对更改不满意,单击"调整"功能区的"重设图片"按钮可以恢复原来尺寸。

•精确缩放图片:选定要编辑的图片,单击"大小"功能区右下角的箭头,便弹出"设置图片格式"对话框。选择"大小"选项卡,如图 3-50 所示,即可在其中的"尺寸和旋转"设置区精确指定图片的"高度"和"宽度"尺寸,或者通过"缩放"设置区指定图片的缩放比例。在缩放图片时,如果要保持图片高度和宽度的原始比例,可以选取"锁定纵横比"复选框。或者直接填写"大小"功能区的高度和宽度的数值。

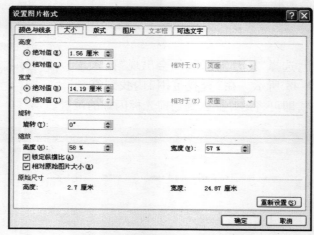

图 3-50 "设置图片样式"界面

②图文混排方式

在 Word 2007 中,刚插入的图片均为嵌入型,即在排版时被当作字符处理。要改变图片外围文字的版式,应首先选定目标图片,然后单击"格式"菜单下"排列"功能区的"文字环绕"按钮 ，此时程序将弹出如图 3-53 所示菜单,用户可以根据需要选择相应的版式。

选择"设置图片格式"对话框中的"版式"选项卡,如图 3-54 所示,也可以选择需要的版式。单击其中的"高级"按钮,程序将弹出"高级版式"对话框,在"文字环绕"选项卡中,可精确设置图片的环绕格式以及图片和外环文字间的距离。

图 3-51　"文字环绕"菜单

图 3-52　"设置图片格式"对话框

③插入艺术字

在很多应用型文档中,常常需要使用艺术字来表达某些特殊效果。操作步骤如下:

①将插入点移动到需要插入艺术字的位置。

②在"插入"菜单的"文本"功能区选择"艺术字"按钮 A,弹出"艺术字库"对话框,如图 3-53 所示。

图 3-53　"艺术字库"对话框

③单击选择"艺术字库"对话框中的艺术字造型,弹出"编辑艺术字文字"对话框。

④在"文字"文本框中输入要插入的文字,并设置其"字体""字号""加粗""斜体"等格式属性,单击"确定"按钮完成。

三、任务实施

①打开"\素材\第 3 章\3G. docx"文件。

②选中正文,选择页面布局中的"分栏",如图 3-54 所示。

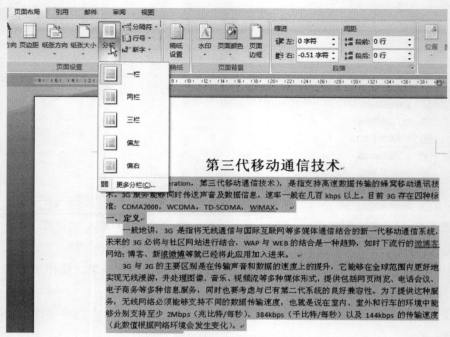

图3-54 "分栏"设置界面

选择"两栏",效果如图3-55所示。

第三代移动通信技术

3G（3rd-generation，第三代移动通信技术），是指支持高速数据传输的蜂窝移动通讯技术。3G服务能够同时传送声音及数据信息，速率一般在几百 kbps 以上。目前 3G 存在四种标准：CDMA2000，WCDMA，TD-SCDMA，WiMAX。

一、定义

一般地讲，3G 是指将无线通信与国际互联网等多媒体通信结合的新一代移动通信系统，未来的 3G 必将与社区网站进行结合，WAP 与 WEB 的结合是一种趋势，如时下流行的微博客网站：大围脖、新浪微博等就已经将此应用加入进来。

3G 与 2G 的主要区别是在传输声音和数据的速度上的提升，它能够在全球范围内更好地实现无线漫游，并处理图像、音乐、视频流等多种媒体形式，提供包括网页浏览、

股份，每股中国网通美国存托股份换取 3.016 股中国联通美国存托股份。同时，中国电信将以总价 1100 亿元收购联通 CDMA 网络。

2008 年 7 月 29 日，中国电信集团宣布未来三年投资 800 亿元发展 CDMA 业务，并提出在三年内把 CDMA 用户数由目前约 4300 万增至 1 亿，届时在中国移动通信市场的占有率将达 15%。

2008 年 10 月 15 日，网通红筹公司在香港联交所和纽约证券交易所退市。

2008 年 8 月，工信部发布《关于同意中国移动通信集团公司开展试商用工作的批复》，同意中国移动在全国建立 TD 网络并开展试商用。

2008 年 10 月 1 日，中国电信开始与中国联通进行 C 网交割，并于 60 天内完成。

2008 年 10 月 15 日，新联通公司正式成

图3-55 "两栏"页面布局效果

③设置首字下沉样式。选中"3G"文本，单击"插入"→"文本"→"首字下沉"，弹出如图 3-56 所示对话框。

在对话框中"位置"处选择下沉的样式,这里我们选择"下沉""3 行",单击"确定"按钮即可。效果如图 3-57 所示。

图 3-56 "首字下沉"对话框

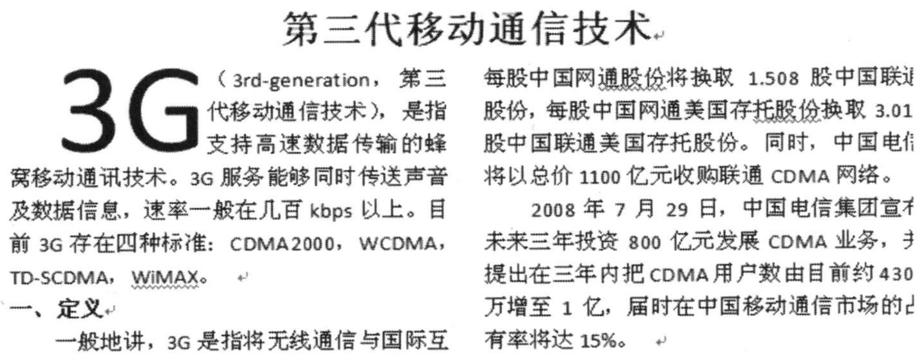

图 3-57 首字下沉效果图

④将标题设置为艺术字。选中标题,选择其中一种样式,如图 3-58 所示。

图 3-58 "艺术字"选择界面

弹出“编辑艺术字文字”对话框，如图 3-59 所示，选择字体样式，单击“确定”按钮即可。

编辑艺术字文字
字体(F):
宋体
字号(S):
36
B
I
文本(T):
第三代移动通信技术
确定
取消

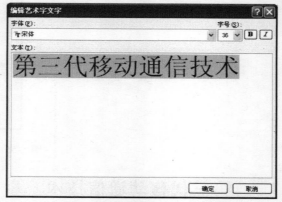

图 3-59 “编辑艺术文字”对话框

单击“确定”按钮，完成效果如图 3-60 所示。

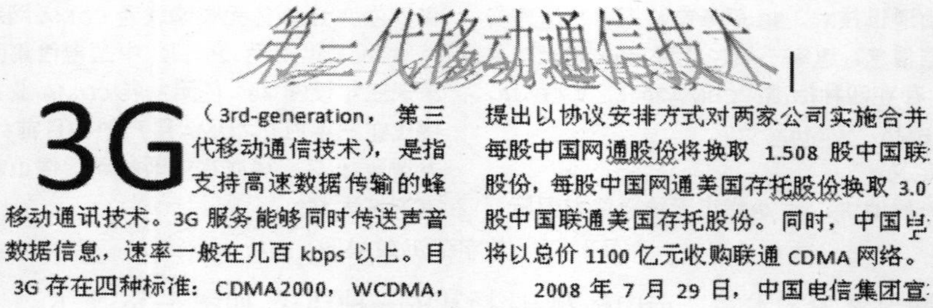

第三代移动通信技术
3G（3rd-generation，第三代移动通信技术），是指支持高速数据传输的蜂
移动通讯技术。3G 服务能够同时传送声音
数据信息，速率一般在几百 kbps 以上。目
3G 存在四种标准：CDMA2000，WCDMA，
提出以协议安排方式对两家公司实施合并
每股中国网通股份将换取 1.508 股中国联
股份，每股中国网通美国存托股份换取 3.0
股中国联通美国存托股份。同时，中国
将以总价 1100 亿元收购联通 CDMA 网络。
2008 年 7 月 29 日，中国电信集团宣

图 3-60 “标题”艺术字效果

⑤插入“素材/第 3 章/智能手机.jpg”图片，如图 3-61 所示。

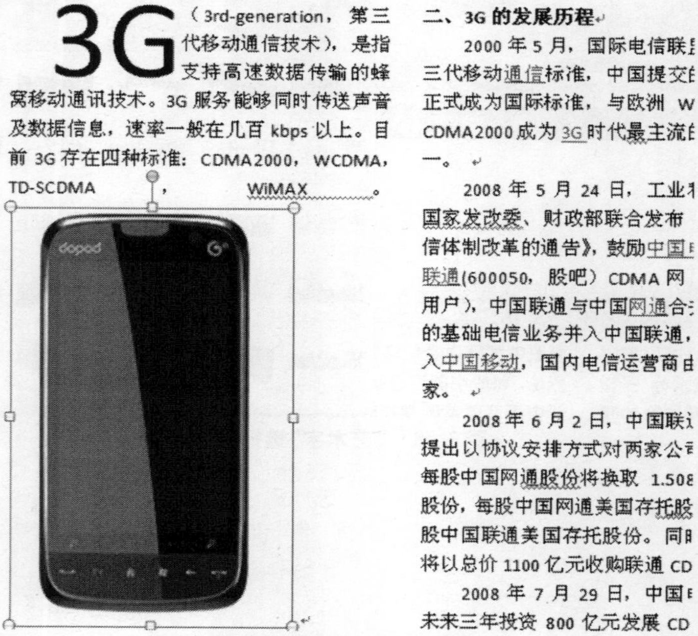

3G（3rd-generation，第三代移动通信技术），是指支持高速数据传输的蜂窝移动通讯技术。3G 服务能够同时传送声音及数据信息，速率一般在几百 kbps 以上。目前 3G 存在四种标准：CDMA2000，WCDMA，TD-SCDMA，WiMAX。
dopod
二、3G 的发展历程
2000 年 5 月，国际电信联
三代移动通信标准，中国提交
正式成为国际标准，与欧洲 W
CDMA2000 成为 3G 时代最主流
一。
2008 年 5 月 24 日，工业
国家发改委、财政部联合发布
信体制改革的通告》，鼓励中国
联通(600050，股吧) CDMA 网
用户)，中国联通与中国网通合
的基础电信业务并入中国联通，
入中国移动，国内电信运营商
家。
2008 年 6 月 2 日，中国联
提出以协议安排方式对两家公
每股中国网通股份将换取 1.508
股份，每股中国网通美国存托股
股中国联通美国存托股份。同
将以总价 1100 亿元收购联通 CD
2008 年 7 月 29 日，中国
未来三年投资 800 亿元发展 CD

图 3-61 将图片插入文档中

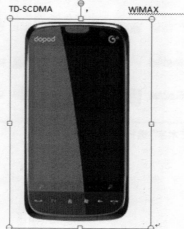

改变图片大小,按住顶部的绿色圆圈按钮进行旋转,如图 3-62 所示。这样一个精美的文稿就完成了。

3G（3rd-generation，第三代移动通信技术），是指支持高速数据传输的蜂窝移动通讯技术。3G 服务能够同时传送声音及数据信息,速率一般在几百 kbps 以上。目前 3G 存在四种标准:CDMA2000、WCDMA、TD-SCDMA，WiMAX。

三代移动通信标准，中国正式成为国际标准，与欧洲CDMA2000 成为 3G 时代最一。

2008 年 5 月 24 日，国家发改委、财政部联合发信体制改革的通告》，鼓励联通(600050，股吧) CDMA用户)，中国联通与中国网的基础电信业务并入中国入中国移动，国内电信运营家。

2008 年 6 月 2 日，中提出以协议安排方式对两每股中国网通股份将换取股份，每股中国网通美国存股中国联通美国存托股份。将以总价 1100 亿元收购联

2008 年 7 月 29 日，

图 3-62　图片大小、方向设置

任务四　制作简历

一、任务描述

小陈的弟弟即将大学毕业,忙着投简历找工作。怎样的简历才会受到人力资源主管的青睐呢？他想到哥哥在这个方面是专家,于是向他请教。在哥哥的帮助下他设计了一份清爽、简明的简历,如图 3-63 所示。

个人简历

姓名	陈琳	性别	男	民族	汉族	
身高	185cm	体重	80KG	政治面貌	中共党员	
出生年月	1990.2	籍贯	重庆	毕业时间	2013年6月	
学历	本科	学制	四年	专业	软件技术	
毕业院校		重庆大学				
联系地址		重庆石桥铺科园一路9#		邮政编码		400039
英语水平		六级		计算机水平		三级
家庭电话		023-68357782		手机		13766497631
擅长		C语言程序设计				
在校打工经历						
证书		英语六级证书、计算机三级证书、软件设计师证书				
特长、爱好		吉他				
学习及实践经历						
时间		学校或单位		职务		
2003.09-2006.06		重庆铜梁中学		学习委员		
2006.09-2009.06		重庆市一中		班长		
2009.09-2013.06		重庆大学		学生会主席		
自我介绍		我是一个*****************************				
自我评定		吃苦耐劳、勇于创新、敢于实践				

图3-63 个人简历效果图

二、任务准备

1.创建表格

创建表格有下列两种途径:自动制表和绘制表格。

（1）自动制表

①将插入点移动到将要新建表格的位置。

②单击"插入"→"表格"→"插入表格"程序弹出"插入表格"对话框,如图 3-64 所示。在其中指定表格的列数、行数、列宽以及需要的自动套用格式,设置完毕后单击"确定"按钮即可。注意,其中列宽的缺省设置是"自动",即以表格所在页面的宽度除以列数为列宽,因而列宽是等间距的。

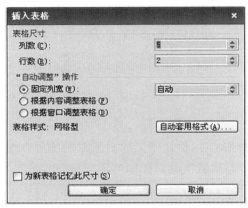

图 3-64　"插入表格"对话框

（2）绘制表格

①将插入点移动到将要新建表格的位置。

②单击"插入"→"表格"→"绘制表格",此时光标会变成一支笔的形状,在文本编辑区任意画一笔,就会出现如图 3-65 所示工具栏。

图 3-65　"绘制表格"工具栏

● "绘制表格"按钮 :切换按钮,单击此按钮可以设置或者取消表格绘制状态。在表格绘制状态下,鼠标指针变为铅笔指针 。此时若在非表格编辑区拖动鼠标,可以获得仅有一个单元格的表格。若是在表格内拖动鼠标,则可以直接绘制水平直线或者垂直直线,也可以在任意一个单元格内沿其对角线绘制斜线,从而得到斜线表格。

● "擦除"按钮 :切换按钮,选中此按钮时鼠标指针变成橡皮擦指针 ,可以用于删除表格线。将"橡皮擦"移动到需要删除的表格线上,按住鼠标左键并沿表格线拖动鼠标,该表格线两侧将呈现红色边缘,释放鼠标,此表格线随即被"擦"除。

另外,在"线型"组合框中,可以选择表格线类型,例如各种实线、虚线等;在"粗细"组合框中,可以选择使用表格线的宽度。

自动制表适合创建各种规格表,使用 Word 的"绘制表格"功能,则可以通过拖动鼠标自由绘制各种不规则表格。如果将自动制表与绘制表格工具配合使用,经常可以达到事半功倍的效果。

2. 表格编辑

表格编辑包括调整表格的行高、列宽,合并、拆分、增加、删除单元格等。

(1)调整行高和列宽

a. 调整行高

改变行高是改变本行所有单元格的高度,有下面几种方法:

• 用鼠标指向水平表格线时,指针将变成水平线调整指针 ,此时按住鼠标左键,对应的水平表格线将变成虚线,然后拖动鼠标即可调整本行的高度。

• 将插入点移动到表格内,或者选中多行,执行"表格工具"菜单→"布局"→"表"功能区→"属性",如图 3-66 所示。

图 3-66 "表格属性"对话框

在弹出的"表格属性"对话框中,选择"行"选项卡,在其中可以指定当前表行的精确高度。

b. 调整列宽

改变列宽可以是改变表格中整列的宽度,也可以是仅改变当前选定单元格的宽度。

①当鼠标指针指向垂直表格线时将变成垂直线调整指针 ,此时沿水平方向拖动鼠标即可调整本列的列宽。注意,如果是对选定的一个或者多个连续的单元格(在同一列)执行这样的操作,则仅对选定的单元格有效,而不影响同一列中其他单元格的列宽。

②通过"表格属性"对话框的"列"选项卡,可以精确地设置每一列的列宽。

(2)插入列和删除列

用户可以在表格中随时插入列与删除列。

a. 插入行和列

①将插入点移动到表格中的某单元格,再执行"表格工具"菜单→"布局"→"行和列",即可在插入点所在列的对应一侧插入一个新行和新列。

②将插入点移动到表格中的某单元格,单击鼠标右键选择"插入"→"插入单元格"将弹出"插入单元格"对话框,如图 3-67 所示。此对话框允许在表格中直接插入单元格,而插入点所在单元格可以设置成右移或者下移。用户也可以选择(在插入点所在行之前)插入整行或者(在插入点所在列的左侧)插入整列。

图 3-67　"插入单元格"对话框

图 3-68　"删除单元格"对话框

b. 删除列

将插入点移动到表格中的某单元格,单击鼠标右键选择"删除单元格",弹出"删除单元格"对话框,如图 3-68 所示。

(3)插入行和删除行

在表格中新建行→删除行和新建列→删除列的操作方法对应相似,只是执行的菜单命令各不相同,此处不再赘述。

(4)合并与拆分单元格

日积月累

除了"绘制表格"可以制作不规则表格以外,对规则表格中的单元格进行合并和拆分也是制作不规则表格的常用方法之一。

● 合并单元格:首先选定需要合并的连续单元格(其整体形状必须是规则的矩形),再选择"表格工具"菜单或者其右键菜单中的"合并单元格"命令,即可将选定的全部单元格合并成一个单元格。

● 拆分单元格:将插入点移动到目标单元格,选择"表格工具"菜单或者其右键菜单中的"拆分单元格"命令,弹出"拆分单元格"对话框,在其中指定拆分列数和行数,然后单击"确定"按钮即可。

● 拆分表格:将插入点移动到表格中的某单元格,然后执行"表格工具"菜单中的"拆分表格"命令,即能以插入点所在行的顶线为界将表格拆分成上下两个独立的表格。

(5)对齐方式

在中文 Word 2007 中,单元格的内容在垂直方向上有"靠上""中部"和"靠下"3 种对齐方式,在水平方向上则有"两端对齐""居中"和"右对齐"3 种方式,因而它们的组合共有 9 种对齐方式。当选定需要对齐的单元格后,单击鼠标右键,在右键菜单中指向"单元格对齐方式",如图 3-69 所示,在弹出的选择框中,单击选取需要的对齐方式即可。

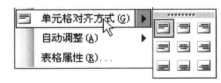

图 3-69　单元格对齐方式对话框

(6)给表格添加边框和底纹

在中文 Word 2007 中可以改变表格边框的类型,也可以为单元格或者整个表格添加背景图片或者底纹,以加强表格的可视性。

● 给表格添加边框

①选定要添加边框的单元格,也可以选定整个表格。

②选择"表格工具"菜单中的"绘图边框"命令。

③在弹出"边框和底纹"对话框中选择"边框"选项卡,在其中可以进行边框类型、线型、网格、边框颜色和宽度等设置。

④设置完毕单击"确定"按钮完成。

• 添加底纹

①选定目标单元格或者整个表格。

②打开"边框和底纹"对话框,选择其中的"底纹"选项卡。

③在"图案"设置区选取底纹式样,在"填充"设置区选取底纹颜色。

④单击"确定"按钮完成。

三、任务实施

①新建 Word 文件"个人简历.docx"。

②输入"个人简历",将其设置为:居中;华文行楷、一号。

③选择插入面板中的表格,单击"插入表格"弹出如图3-70 所示对话框,插入一个20 行7 列的表格。

④输入相应信息,调整单元格宽度,合并前4 行的最后一列,如图3-71 所示。

图 3-70 "插入表格"对话框

图 3-71 合并单元格操作

⑤按照图3-71 所示样式,继续合并单元格并输入信息,如图3-72 所示。输入相应的个人信息,完成简历的制作。

个人简历

姓名		性别		民族			
身高		体重		政治面貌			
出生年月		籍贯		毕业时间			
学历		学制		专业			
毕业院校							
联系地址			邮政编码				
英语水平			计算机水平				
家庭电话			手机				
擅长							
在校打工经历							
证书							
特长、爱好							
学习及实践经历							
自我介绍							
自我评定							

图 3-72　"个人简历"表完成

本章小结

本章介绍了微软 Office 系列办公自动化软件中的一个重要组件——Word 文字处理软件。通过相关实例主要介绍了以下内容：

（1）Word 的基本功能、运行环境、启动和退出；

（2）Word 的窗口组成,菜单栏与工具栏及其使用方法；

（3）Word 文档的创建、保存和打开；

（4）Word 文档的文字输入,基本编辑和格式排版操作；

（5）Word 文档的页面设置与打印操作；

（6）图文混排版式的制作方法,包括分栏、剪贴画、艺术字、图片和图形的编辑与排版；

（7）Word 文档中表格的创建、编辑与排版。

习题 3

一、单项选择题

（1）Word 编辑状态下，当前输入的文字显示在（　　　）。

    A. 鼠标处　　　　　B. 插入点处　　　　　C. 文件尾部　　　　　D. 当前行尾

（2）中文 Word 编辑软件运行环境是（　　　）。

    A. DOS　　　　　B. WPS　　　　　C. Windows　　　　　D. 高级语言

（3）段落的标记是在输入什么之后产生的？（　　　）

    A. 句号　　　　　B. "Enter"　　　　　C. "Shift + Enter"　　　　　D. 分页符

（4）在 Word 编辑状态下，若要调整左右边界，比较直接、快捷的方法是（　　　）。

    A. 工具栏　　　　　B. 格式栏　　　　　C. 菜单　　　　　D. 标尺

（5）Word 文档文件的扩展名是（　　　）。

    A. TXT　　　　　B. DOC　　　　　C. WPS　　　　　D. BLP

（6）在 Word 的编辑状态下，文档中有一行被选择，当按"Del"键后（　　　）。

    A. 删除了插入点所在的行　　　　　B. 删除了被选择的一行

    C. 删除了被选择行及其后的内容　　　　　D. 删除了插入点及其之前的内容

（7）将在 Windows 的其他软件环境中制作的图片复制到当前 Word 文档中，下列说法正确的是（　　　）。

    A. 不能将其他软件中制作的图片复制到当前 Word 文档中

    B. 可以通过剪贴板将其他软件的图片复制到当前 Word 文档中

    C. 先在屏幕上显示要复制的图片，打开 Word 文档时便可以使图片复制到文档中

    D. 先打开 Word 文档，然后直接在 Word 环境下显示要复制的图片

（8）Word 文档中，每个段落都有自己的段落标记，段落标记的位置在（　　　）。

    A. 段落的首部　　　　　B. 段落的结尾处

    C. 段落的中间位置　　　　　D. 段落中，但用户找不到的位置

（9）Word 具有分栏功能，下列关于分栏的说法中正确的是（　　　）。

    A. 最多可以设 4 栏　　　　　B. 各栏的宽度必须相同

    C. 各栏的宽度可以不同　　　　　D. 各栏之间的距离是固定的

（10）在 Word 中，文档的缺省视图是普通视图，如果用户正在绘制图形，为了确定图形的大小，一般都要切换到（　　　）。

    A. 大纲视图　　　　　B. 页面视图　　　　　C. 主控文档视图　　　　　D. 全屏视图

（11）下列方式中，可以显示出页眉和页脚的是（　　　）。

    A. 普通视图　　　　　B. 页面视图　　　　　C. 大纲视图　　　　　D. 全屏幕视图

（12）下列菜单中，含有设定字体的命令是（　　　）。

    A. 编辑　　　　　B. 格式　　　　　C. 工具　　　　　D. 视图

（13）将文档中一部份文本内容复制到别处，先要进行的操作是（　　　）。

    A. 粘贴　　　　　B. 复制　　　　　C. 选择　　　　　D. 剪切

（14）若要将一些文本内容设置为斜体字,则选择后（　　）。

  A. 单击"B"按钮   B. 单击"U"按钮

  C. 选择"I"按钮   D. 单击"A"按钮

（15）打开 Word 文档一般是指（　　）。

  A. 从内存中读文档的内容,并显示出来

  B. 为指定文件开设一个新的、空的文档窗口

  C. 把文档的内容从磁盘调入内存,并显示出来

  D. 显示并打印出指定文档的内容

（16）"文件"下拉菜单底部所显示的文件名是（　　）。

  A. 正在使用的文件名   B. 正在打印的文件名

  C. 扩展名为.DOC 的文件名   D. 最近被 Word 处理的文件名

（17）在 Word 中,如果用户需要取消刚才的输入,则可以在编辑菜单中选择"撤销"选项;在撤销后若要重做刚才的操作,可以在编辑菜单中选择"重做"选项。这两个操作的组合键分别是（　　）。

  A. "Ctrl + T"和"Ctrl + I"   B. "Ctrl + Z"和"Ctrl + Y"

  C. "Ctrl + Z"和"Ctrl + I"   D. "Ctrl + T"和"Ctrl + Y"

（18）当前插入点在表格中某行的最后一个单元格内,单击"Enter"键后,可以使（　　）。

  A. 插入点所在的行加宽   B. 插入点所在的列加宽

  C. 插入点下一行增加一行   D. 对表格不起作用

（19）若 Word 正处于打印预览状态,要打印文件,则（　　）。

  A. 必须退出预览状态后才可以打印 B. 在打印预览状态也可以直接打印

  C. 在打印预览状态不能打印   D. 只能在打印预览状态打印

（20）下列对于 Word 表格操作的描述,不正确的说法是（　　）。

  A. 单元格可以拆分   B. 单元格可以合并

  C. 只能制作规则表格   D. 可以制作不规则表格

二、多项选择题

（1）在 Word 的编辑状态下,选择了当前文档中的一个段落,按"Del"键,则下列哪些说法是错误的（　　）。

  A. 该段落被删除且不能恢复   B. 该段落被删除,但能恢复

  C. 能利用"回收站"恢复被删除的该段落 D. 该段落被移到"回收站"内

  E. 该段落被送入剪贴板

（2）在 Word 中,提供的文档对齐方式有（　　）。

  A. 两端对齐   B. 居中对齐   C. 左对齐

  D. 右对齐   E. 分散对齐

（3）在 Word 中编辑一个文档时（　　）。

  A. 必须先给新建的文档取好文件名 B. 每次修改后存盘必须重新取名

  C. 存盘时才能取名   D. 不必先给文档取名

E. 必须先给文档取名

(4)下列哪些情况会出现"另存为"对话框？（　　　　　）。

    A. 新建文档第一次保存　　　　　　　　B. 打开已有文档修改的保存

    C. Word 窗口已命名文档修改后存盘　　　D. 建立文档副本，以其他名字保存

    E. 将中文 Word 文档保存为其他文件格式

(5)中文 Word 的"格式"菜单中含有（　　　　　）。

    A. 字体　　　　　　　B. 段落　　　　　　C. 边框和底纹　　　　D. 分栏

(6)中文 Word 具备（　　　　）功能。

    A. 自动排版　　　　　　　　　　　　B. 图文混排

    C. 所见即所得　　　　　　　　　　　D. 中文自动纠错

(7)Word 中的替换功能可以（　　　　　）。

    A. 替换文字　　　　　　　　　　　　B. 替换格式

    C. 不能替换格式　　　　　　　　　　D. 只替换格式不替换文字

    E. 格式和文字可以一起替换

(8)在 Word 文档编辑中，下列有关段落行距和间距的叙述，正确的是（　　　　　）。

    A. 段落行距可调整，相邻段落间的间距不能调整

    B. 段落行距可调整，相邻段落间的间距也可调整

    C. 段落行距只能按某一值的倍数变化，不能随意变化

    D. 段落间距可由用户自行调整

    E. 段落间距不能由用户自行调整

(9)中文 Word 的"视图"菜单中有（　　　　　）显示模式等几种。

    A. 页面视图　　　　　B. 大纲视图　　　　　C. 普通视图　　　　　D. 主控文档

(10)中文 Word 可以对编辑的文字进行（　　　　　）排版。

    A. 上标　　　　　　　B. 下标　　　　　　　C. 斜体　　　　　　　D. 粗体

三、填空题

(1)在 Word 中，编辑页眉、页脚时，应选择_____视图方式。

(2)在 Word 中，要插入一些特殊符号使用_____菜单下的"符号"命令。

(3)在 Word 中，模板文件的扩展名是_____。

(4)在 Word 的编辑状态，使插入点快速移到行首的快捷键是_____。

四、判断题

(1)Word 具有分栏功能，各栏的宽度可以不同。　　　　　　　　　　　　（　　　）

(2)Word 编辑软件的环境是 DOS。　　　　　　　　　　　　　　　　　　（　　　）

(3)利用 Word 录入和编辑文档之前，必须首先指定所编辑的文档的文件名。（　　　）

(4)文档存盘后自动退出 Word。　　　　　　　　　　　　　　　　　　　（　　　）

(5)Word 中图文框中可以同时放入图片和文字。　　　　　　　　　　　　（　　　）

(6)Word 中一个段落可以设置为既是居中又是两端对齐。　　　　　　　　（　　　）

(7)使用中文 Word 编辑文档时，要显示页眉页脚内容，应采用普通视图方式。（　　　）

(8)中文 Word 中不能对文档内容进行分栏排版。　　　　　　　　　　　　（　　　）

（9）中文 Word 中，只能用工具栏上的快捷按钮来完成对文档的编排。　　（　　）

（10）中文 Word 对文字的格式设置等编辑都必须先选定后操作。　　　　（　　）

（11）在中文 Word 的文字录入之前就应该设置好字型、字号、颜色等格式，因为录入完毕之后，便无法再改动了。　　　　　　　　　　　　　　　　　　　（　　）

（12）Word 中的工具栏，只能固定出现在 Word 窗口的上方。　　　　　（　　）

实训 3-1　图片处理、绘画工具的使用、插入艺术字

【实训目的】

掌握图片、自选图形、艺术字的使用。

【实训要求】

掌握插入图片，绘制图形及使用艺术字，完成后效果如图 3-73 所示。

图 3-73　完成后效果图

【实训要点指导】

打开"素材\第 3 章\沁园春　雪.docx"，作为图片设置的基础。

1. 图片的使用

（1）插入剪贴画

①单击"插入"菜单，选择"图片"中的"剪贴画"命令，打开"插入剪贴画"的任务窗格；

②在"搜索文字"下方输入图片的关键字"雪景",单击"搜索"按钮;

③搜索完成后,在与图 3-73 所示中相同的剪贴画上单击鼠标左键,将剪贴画插入文档。

(2)设置剪贴画

①单击已剪贴好的剪贴画,拖动四周的控制柄调整其大小;

②使用图片工具栏中的按钮命令,设置图片的色彩模式、亮度、对比度;

③设置图文环绕方式为"四周型",并移动图片到诗的右上方。

2.绘制自选图形

①单击"插入"菜单,选择"图片"中的"自选图形"命令;

②用图形绘制工具绘制一个五角星,然后用红色描边,绿色与黄色渐变填充,并且在五角星内部添加文字"星星"。最后,将五角星拖动到图 3-73 中的位置。

3.使用艺术字

①单击"插入"菜单,选择"图片"中的"艺术字"命令;

②在艺术字样式列表中选择需要的艺术字造型,单击"确定"按钮,进入"编辑'艺术字'文字"对话框,在"文字"文本框中输入"沁园春•雪"。

③移动艺术字到合适位置。

实训 3-2 表格制作

【实训目的】

掌握创建表格的基本操作、布局、表格与文本的转换、表格自动套用格式及排序。

【实训要求】

表格的创建;内容的录入、修改及格式设置;表格自动套用格式及计算、排序。

"实训要点指导"

1.建立表格

①选择"表格"菜单中"插入"命令,在联级菜单中选择"表格"命令,建立新表格,并录入如表 3-3 学生成绩统计表所示内容。

②选中表格,单击鼠标右键,设置"单元格对齐方式"为内容居中。

③选择"表格"菜单中"表格自动套用格式"命令,选取一种套用格式。

2.计算与排序

(1)计算表格数据

①在"王婷"的"平均分"单元格用鼠标单击定位,然后单击"表格"菜单,选中"公式"命令。

②现在公式形式为" =SUM(LEFT)",将它改为" =Average(LEFT)"计算平均分。

③求总分时,要指定求和区域,例如"王婷"的"总分"为"＝SUM(b2:e2)"。

(2)按总分降序排

①单击"表格"菜单,选中"排序"命令。

②在"主要关键字"下拉列表中选择"总分",在"类型"列表中选择"数字"。

表3-3　学生成绩统计表

科目 姓名	语文	数学	英语	计算机	平均分	总　分
王　婷	86	98	86	89		
李　梅	76	69	90	92		
王慧佳	90	85.5	76	79		
何　帆	72	90	71	88		
李　素	82	76	92	83		

第四章　电子表格软件 Excel 的功能和使用

　　本章介绍了 Microsoft Office 2007 表格处理应用软件 Excel 2007 的基本操作、数据处理及一些高级用法和使用技巧，主要内容包括：使用 Excel 2007 制作学生基本信息统计表、制作学生期末成绩表、制作学生兼职工资表及工资条；使用 Excel 2007 检索学生信息；使用 Excel 2007 分析销售业绩；使用 Excel 2007 制作图表等。

知识目标

◆　掌握 Excel 2007 的启动、退出和窗口组成等基本知识。
◆　掌握工作表中的输入和格式设置方法。
◆　掌握图表的创建和编辑方法。
◆　掌握数据的管理与分析方法。
◆　熟练掌握公式和函数的使用。
◆　熟练操作 Excel 工作簿的打开、新建、保存与关闭。
◆　熟练操作 Excel 工作表的切换、选定、插入、删除、移动、复制、重命名、拆分与冻结。
◆　熟练操作工作表的设置和打印方法。

能力目标

◆　会构建 Excel 工作表。
◆　会利用对公式和函数对 Excel 工作表里的数据进行处理、管理和分析。
◆　会利用创建和编辑图表来统计数据。
◆　会对工作表进行页面设置和打印设置。

任务一　制作学生基本信息统计表

Microsoft Office Excel 2007 是微软公司推出的办公自动化系列套装软件 Microsoft Office 2007 下的一个独立产品。相比 Excel 2003,提供了更专业的表格应用模板与格式设置,加强了数据处理功能,主要体现在强大的数据排序和过滤功能,新增了丰富的数据导入功能,在打印设置上也面目一新。利用它可制作各种复杂的电子表格,完成烦琐的数据计算,将枯燥的数据转换为彩色的图形形象地显示出来,大大增强了数据的可视性,并且可以将各种统计报告和统计图打印出来,是每个企业、学校、工厂等单位管理财务、制作报表、进行数据分析的不可缺少的实用工具。

一、任务描述

小刘进入大学后担任了辅导员助理,他的其中一项很重要的任务就是对新入校的所有学生档案信息进行录入保存,以便后续的管理。老师安排这个任务后,小刘马上想到了电子表格软件,在进行一番比较后,最终小刘选择了既主流又方便的 Excel 2007 来帮助他完成这个任务。

学生档案数据随着学生的入学、离校等因素会不断发生变化,需要学籍档案管理者随时修改、更新,以保证档案的真实性和时效性。对于表格形式的电子档案采用 Excel 软件来进行存储和管理,是非常合适的。首先,Excel 无需手工绘制表格,行列的增减非常容易;其次,对于具有规律性的数据,Excel 的自动填充功能,能减少重复输入数据的烦恼;第三,Excel强大的数据管理功能,方便用户对档案数据的查询和管理;另外,Excel 易学易用,像小刘这种不太熟悉计算机的人员能很快上手操作。下面介绍如何利用 Excel 2007 软件创建如图 4-1 所示的学生学籍电子档案。

2012级网络班学生基本信息表

建档时间: 2012-3-1

序号	考生号	准考证号	姓名	性别	出生日期	民族	生源省份	报到时间
1	136200215213	111907108	徐思明	男	1992年5月3日	汉族	江西省	2012-09-03 13:54:24
2	141172115103	112683030	魏新年	女	1993年6月3日	汉族	河南省	2012-09-03 14:00:36
3	150011015292	115909914	袁凤	男	1993年6月3日	土家族	重庆市	2012-09-03 12:55:19
4	150011115306	116901817	古雨梅	女	1993年6月3日	汉族	重庆市	2012-09-03 13:28:36
5	150011268051	116908221	袁辅金	男	1993年6月3日	汉族	重庆市	2012-08-25 10:52:25
6	150011515367	122902114	陶青青	男	1993年6月3日	土家族	重庆市	2012-09-03 09:32:11
7	150011615132	122908018	刘杰	男	1993年6月3日	苗族	贵州省	2012-08-26 14:42:48
8	150011615228	122912404	张继	男	1993年6月3日	汉族	湖北省	2012-09-04 08:50:22
9	150012215343	127908816	何浩	男	1993年6月3日	土家族	重庆市	2012-09-03 14:48:49
10	150012215352	127680523	李净峰	女	1993年6月3日	汉族	重庆市	2012-09-01 13:14:36
11	150012215437	129904907	邹欣欣	男	1993年6月3日	汉族	湖南省	2012-09-02 11:45:32
12	150012717093	129916717	叶旭雷	男	1993年6月3日	土家族	重庆市	2012-09-03 10:55:32
13	150012768020	132906614	朱思慧	女	1993年6月3日	云南省	2012-09-03 12:15:34
14	150012915153	132908130	周枞	男	1993年6月3日	汉族	重庆市	2012-09-02 10:53:49
15	150012915227	132902603	邱达钡	男	1993年6月3日	苗族	云南省	2012-08-31 11:21:07
16	150013215180	133904128	孙红君	女	1993年6月3日	苗族	重庆市	2012-09-03 15:28:04
17	150013215190	140923315	刘奇	女	1993年6月3日	苗族	重庆市	2012-09-03 15:09:48
18	150013215221	140903315	卜美林	男	1993年6月3日	汉族	湖北省	2012-09-03 17:06:10
19	150013315144	140906619	李龙	男	1993年6月3日	汉族	重庆市	2012-09-02 09:31:17
21	1.50013E+12	110689784	张玲	女	1994年7月8日	汉	四川	2012-09-02 10:30:10

图4-1　学生学籍电子档案

二、任务准备

1. 启动 Excel

（1）启动 Excel

单击 Windows 的"开始"菜单，把鼠标指向"程序"→"Office 2007"→"Excel 2007"命令，即可启动 Excel 2007。

（2）Excel 2007 窗口组成

Excel 2007 启动成功后，窗口组成如图 4-2 所示。

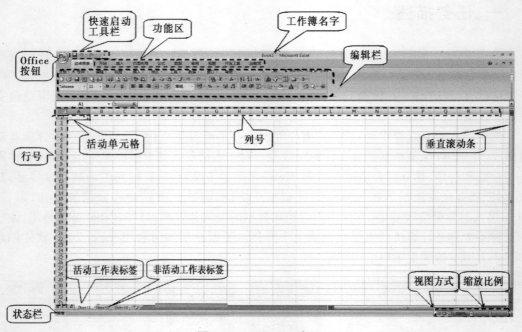

图 4-2　Excel 2007 窗口

2. 工作簿的相关操作

（1）新建工作簿

启动 Excel 2007 时，系统会自动创建一个空白工作簿，用户还可根据实际需要，创建一个新的工作簿。操作步骤为：单击"Office 按钮"→"新建"，出现图 4-3 所示，单击"创建"则重新创建一个新的空工作簿，单击"取消"则取消创建操作。

（2）保存工作簿

创建好的工作簿一般需要保存起来以便日后查看或编辑。单击"保存"按钮 。

图 4-3　新建工作簿

（3）打开和关闭工作簿

● 打开工作簿

对已经保存的工作簿要修改时，需要进行工作簿的打开。操作步骤如下：

①单击"Office 按钮"→"打开"，出现"打开"对话框。

②在"查找范围"中选择文件所在位置，单击"打开"按钮，进行文件的打开。

● 关闭工作簿

对于暂时没有编辑的工作簿可以关闭，以释放所占用的内存空间。有以下两种方法：

➤关闭某一个工作簿，可单击"Office 按钮"→"关闭"。注意此时并没有关闭 Excel 2007 软件。

➤如果需要关闭所有工作簿，可单击标题栏右侧的✕按钮，则关闭所有工作簿并退出 Excel 2007 软件。

（4）重命名工作表

创建好名为"2012 级计算机与电子工程系学生档案"的工作簿过后，我们需要规划此工作簿的功能。因为一个系的学生分为多个班级，为了查看方便，需要为每个工作表进行重命名，一个表用来存储一个班级的学生档案。如图4-4 操作步骤如下：

图 4-4

89

①单击要进行重命名的工作表,然后右键选择"重命名"。

②在输入新的工作表名称,然后按"Enter"键确认。

(5)插入和删除工作表

由于系部的专业不只 3 个,所以需要在同一个工作簿里增加新的"笔记本"和"系统维护"工作表,有以下两种方式可以实现:

➤选择其中一个工作表,右键单击,选择"插入",在插入对话框里选择"工作表",单击"确认"按钮完成新工作表的插入。

➤直接单击工作表最后的"插入工作表",即可在所有工作表的最后插入一个新的工作表。

技高一筹

可以直接按下快捷键 Shift + F11 插入新工作表。

日积月累

● 插入的新工作表在选中工作表的前面,其名称重新由 Sheet1,Sheet2 开始编号。

● 由于系统维护专业报名人数过少,本学期将取消本专业的开设,需要删除系统维护工作表,删除工作表的操作有如下两种:

➤选择需要删除的工作表,右键选择"删除"即可。

➤选中需要删除的工作表标签,切换到"开始"选项卡,在"单元格"选项组里单击"删除"按钮右侧的向下箭头,选择"删除工作表"命令。

---

3. 认识 Excel 2007 中的工作簿、工作表和单元格

(1)工作簿

工作簿是 Excel 用来处理和存储数据的文件,新建一个 Excel 文件实际是新建了一个工作簿,默认的名字为:Book1,当然,你要接着再新建一个的话,它的名字会是 Book2,其后缀名为.xlsx。

(2)工作表

工作表为 Excel 窗口的主体,被称为电子表格,它由单元格组成。如果用一个工作簿来存储所有学生的学籍信息的话,那么我们可以用一个工作表来存储其中一个班级的学生信息。一个 Book 会默认情况下会有 3 个 Sheet,即一个工作簿默认情况下有 3 个工作表,一个工作表最多可有 1 048 576 行,16 384 列。

技高一筹

● Excel 中工作表的最多个数受到内存的影响,如果需要修改工作簿中默认工作簿的数量,可以进行以下设置,如图 4-5 所示。

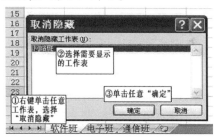

图 4-5

● 还可以用以下方式进行设置。

① 单击"Office 按钮"→"Excel 选项",跳出"Excel 选项"对话框。

② 单击"常用"选项,在右侧的"新建工作簿时"选项组中,在"包含的工作表数"中设置需要的数值即可。

（3）单元格

Excel 作为电子表格,对数据的所有操作都是在单元格当中来完成的。每个单元格由行号和列标来定位,其中行号位于工作表的左端,顺序为数字 1,2,3 等,列号位于工作表的上端,顺序为字母 A,B,C 等,例如:左上角的第一个单元格叫"A1"。

4. 工作表的常见操作

（1）插入工作表

当需要在工作簿当中 Sheet1 工作表前面插入一张新的工作表时,操作步骤如下:

① 选中 Sheet1 工作表。

② 单击"开始"选项卡,在"单元格"工具栏中,单击"插入"按钮,在下拉菜单中选择"插入工作表"命令。

③ 这是可以看到在 Sheet1 工作表前面插入一张新的名为 Sheet4 的工作表。

（2）移动和复制工作表

已经建立好的工作表的位置并不是不能改变的,事实上,我们经常会根据查阅的需要经常挪动它们。同时,工作表有时候需要复制副本进行修改。

a. 同一工作簿内移动或复制、移动工作表

● 移动工作表:在同一个工作簿里移动工作表,只需要左键单击选中需要挪动的工作表,然后拖动你的鼠标,这时上方会出现一个黑色的实心倒三角形,当找到你需要的位置时放开鼠标就可以了。

● 复制工作表:在同一个工作簿里复制工作表,只需要在移动工作表之前按下"Ctrl"键即可,但是要注意在到达目标位置时,应先释放鼠标左键,再松开"Ctrl"键。复制的工作表与前面的工作表内容完全相同,只不过工作表名称后面附加一个带编号的括号。例如:名

为"网络班"的工作表复制后名称为"网络班(2)"。

    b. 在不同工作簿间移动或复制、移动工作表

    ①打开用于接收工作表的工作簿。

    ②右键单击要移动的工作表标签,选择"移动或复制工作表"命令,弹出"移动或复制工作表"对话框。

    ③在"工作簿"的下拉列表中选择要移动到的工作簿名称。

    ④在"下列选定工作表之前"选定要移动或复制的工作表要放到哪个工作表的前面。如果是复制工作表,要选中"建立副本"复选框。

    ⑤单击"确定"按钮完成移动或复制工作表的操作,如图4-6所示。

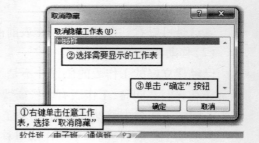

图4-6　移动或复制工作表

（3）隐藏和显示工作表

在编辑工作簿时,有时需要对一些工作表进行隐藏,让其重要数据不被其他人看见而被破坏,当需要显示时再将其恢复显示。对工作表进行隐藏有以下两种方法:

    ● 单击所需隐藏的工作表,选择"开始"选项卡,在"单元格"选项组中单击"格式"按钮,在弹出来的"隐藏和取消隐藏"菜单中选择"隐藏工作表"命令即可。

    ● 右键单击需要隐藏的工作表,在快捷菜单中直接选中"隐藏"命令。显示被隐藏工作表的方法比较简单,只需要右键单击任意一个工作表,在弹出来的快捷菜单中选择"取消隐藏",在弹出来的对话框中选择需要显示的工作表,单击"确定"按钮即可,如图4-7所示。

（4）拆分工作表

将一个数据量庞大的工作表拆分为4个区域,这样可以对其中一个区域数据做编辑,而其他区域的数据不变,具体操作步骤如下(如图4-8所示):

    ①切换到需要拆分的工作表,选择一个单元格(拆分时从此单元格的上方和左侧进行拆分)。

图4-7　显示隐藏工作表

②选择"视图"选项卡,在"窗口"选项组中单击"拆分"按钮,即可将该工作表拆分成四个区域。

③将鼠标移动到分割条上,当鼠标变成双向箭头时,按住拖动可改变分割后各窗口的大小。将分割线拖出表外,可删除此分割线。

④分割后的4个窗口,可以分别查看。

重新进行一次拆分操作,可取消窗口的拆分。

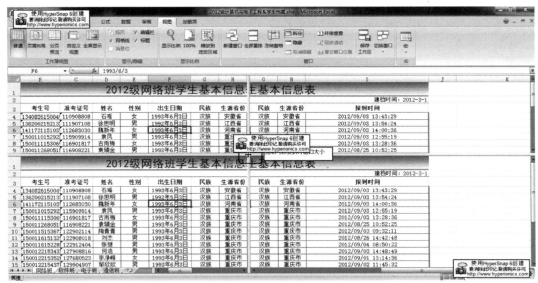

图4-8　拆分工作表

（5）冻结工作表

学生档案表很长时,希望在滚屏时仍然能看到横标题。我们需要使得某些制定区域在滚屏显示时保持不动。"冻结窗口"可以做到,保持一部分内容不变。具体操作如下:

①单击工作表中横标题下一行中的任意单元格,例如单击"A4"单元格。

②单击"视图"选项卡,在"窗口"选项组中单击"冻结窗口"下拉菜单中的"冻结拆分窗口"按钮,即可将该工作表的1~3行。

此时,标题行下边框显示一条黑线,滚动垂直滚动条标题栏始终保持不变,方便对后面数据的查看。

如果需要冻结首列标题的话,可以依次选择"视图"→"窗口"→"冻结窗口"下拉列表中的"冻结首列"命令。

要取消"冻结窗口"操作,选择"冻结窗口"下拉列表中的"冻结首列"命令。

5. 数据输入

在工作表中输入数据是一项基本操作,主要包括:数值输入、文本输入、日期时间输入等。

（1）数值输入

数值除了数字（0~9）,还包括 + , − , E, e, $, %, / , ( ) 以及小数点（.）和千分位符号（,）等特殊字符。数值数据在单元格中默认向右对齐。Excel 数值输入与数值显示未必相同,如输入数据长度超出单元格宽度,Excel 自动以科学计数法表示。又如单元格数字格式设置为带两位小数,此时输入 3 位小数,则末位将进行四舍五入。

> **技高一筹**
> - Excel 计算时将以输入数值而不是显示数值为准。
> - 输入分数时在分数前加个 0 并用空格隔开,否则系统会当作日期处理,如:键入 0 1/5。

（2）文本输入

Excel 文本包括汉字、英文字母、数字、空格及其他键盘能键入的符号,文本在单元格中默认向左对齐。如输入的文本长度超过单元格宽度,若右边单元格无内容,则扩展到右边列,否则,截断显示。

> **技高一筹**
> - 如果要输入电话号码或邮政编码等特殊文本,只须在数字前加上一个单引号 " ' "。
> - 如果要在同一单元格中显示多行文本,则单击单元格,然后单击"开始"选项卡,在"对齐方式"选项组中,单击 ⊟自动换行 按钮。
> - 如果要在单元格中输入"硬回车",则按"Alt + Enter"键。

（3）日期时间输入

Excel 内置了一些日期时间的格式,当输入数据与这些格式相匹配时,Excel 将识别它们,Excel 常见的日期时间格式为"年-月-日""日-月-年""月-日",年月日之间用斜杠（/）或减号（-）分隔。日期时间在单元格中默认向右对齐。

> **技高一筹**
> - 如果要输入当前日期,按快捷键"Ctrl + ;"。
> - 如果要输入当前时间,按快捷键"Ctrl + Shift + :"。
> - 如果要输入 12 小时制的时间,在时间后留一空格,并键入 AM 或 PM 表示上午或下午。

6. 选取操作

单元格的选取是单元格操作中常用操作之一,它包括单个单元格的选取、多个单元格的选取、整行或整列选取等。

（1）选取单个单元格

单个单元格的选取即单元格的激活。除了用鼠标、键盘上的方向键外,也可以在对话框中输入单元格地址（如 H18）,还可选取单元格。

(2)选取多个连续单元格

鼠标拖拽可使多个单元格被选取。或者用鼠标单击将要选择区域的左上角单元格，按住“Shift”键再单击右下角单元格。选取多个连续单元格的特殊情况列表如下：

选取区域	方　法
整行(列)	单击工作表相应的行(列)标签
整个工作表	单击工作表左上角行列交叉的按钮
相邻行或列	鼠标拖拽行或列标签

(3)选取多个不连续单元格

用户可先选取一个单元格，再按住“Ctrl”键不放，然后单击其他单元格。

(4)选取不相邻的行或列

用户可先选取一行或列，再按住“Ctrl”键不放，然后单击其他行或列标签。

在工作表中任意单击一个单元格即可清除单元区域的选取。

三、任务实施

1. 数据录入

打开“素材\第四章\学生基本信息表.xls”，如图 4-9 所示。

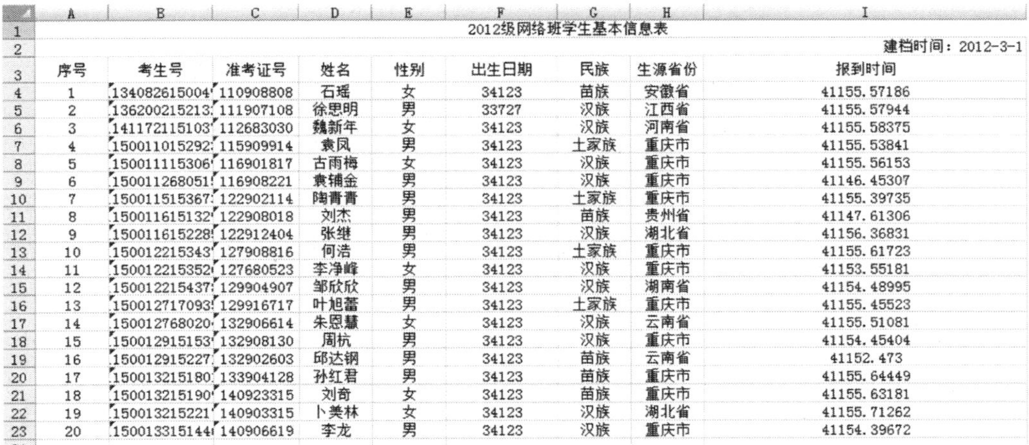

	A	B	C	D	E	F	G	H	I
1	2012级网络班学生基本信息表								
2									建档时间：2012-3-1
3	序号	考生号	准考证号	姓名	性别	出生日期	民族	生源省份	报到时间
4	1	134082615004	110908808	石瑶	女	34123	苗族	安徽省	41155.57186
5	2	136200215213	111907108	徐思明	男	33727	汉族	江西省	41155.57944
6	3	141172115103	112683030	魏新年	女	34123	汉族	河南省	41155.58375
7	4	150011015292	115909914	袁凤	男	34123	土家族	重庆市	41155.53841
8	5	150011115306	116901817	古雨梅	女	34123	汉族	重庆市	41155.56153
9	6	150011268051	116908221	袁辅金	男	34123	汉族	重庆市	41146.45307
10	7	150011515367	122902114	陶青青	男	34123	土家族	重庆市	41155.39735
11	8	150011615132	122908018	刘杰	男	34123	苗族	贵州省	41147.61306
12	9	150011615228	122912404	张继	男	34123	汉族	湖北省	41156.36831
13	10	150012215343	127908816	何浩	男	34123	土家族	重庆市	41155.61723
14	11	150012215352	127680523	李净峰	女	34123	汉族	重庆市	41153.55181
15	12	150012215437	129904907	邹欣欣	男	34123	汉族	湖南省	41154.48995
16	13	150012717093	129916717	叶旭蕾	男	34123	土家族	重庆市	41155.45523
17	14	150012768020	132906614	朱恩慧	女	34123	汉族	云南省	41155.51081
18	15	150012915153	132908130	周杭	男	34123	汉族	重庆市	41154.45404
19	16	150012915227	132902603	邱达钢	男	34123	苗族	云南省	41152.473
20	17	150013215180	133904128	孙红君	男	34123	苗族	重庆市	41155.64449
21	18	150013215190	140923315	刘奇	女	34123	苗族	重庆市	41155.63181
22	19	150013215221	140903315	卜美林	女	34123	汉族	湖北省	41155.71262
23	20	150013315144	140906619	李龙	男	34123	汉族	重庆市	41154.39672

图 4-9　学生基本信息表

(1)采用自动填充方式输入学生序号

在 A4 单元格输入学生序号“1”，然后将鼠标移动 A4 单元格右下角，当出现填充柄黑十字“ + ”符号时，左手按下“Ctrl”键，鼠标左键拖动至 A23 单元格，完成学生序号的输入(预计学生有 20 人，如果有更多的学生，可以采取同样方法)。

技高一筹

● 采用自动填充方式输入有规律序号时可以采取如下方法:在 A4 单元格输入"1",在 A5 单元格输入"2",同时选中 A4 和 A5 单元格,将鼠标移动到黑色矩形框右下角,此时光标变成实心的十字型 (句柄),单击左键并向下拖动填充以下单元格,这样就出现了一个有序的学号序列。

● 如果在 A5 单元格输入"3",则拖动填充的单元格里的数字每次增加2。

(2)输入考生号和准考证号

以在 B4 单元输入的考生号为例,考生号应该是一串数字文本,在输入数字前先输入英文的单引号" ' ",把数字转换为字符串。

(3)输入学生的姓名

学生的姓名直接输入即可,但是有时候同样的姓名序列也许会被用到很多次,如果每次都输入非常麻烦,下面介绍如何使用"自定义列表"来输入姓名。

①"单击 Office 按钮"→"Excel 选项"→"常用"→"使用 Excel 时采用的首选项"→"编辑自定义列表",打开"自定义序列"对话框。在"输入序列"文本框中依次输入学生的姓名,每输入完一个姓名按下"Enter"键,如图 4-10 所示,最后单击"添加"→"确定"按钮。

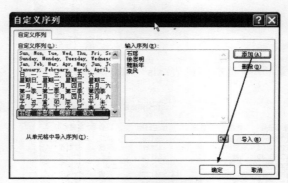

图 4-10　自定义序列窗口

②返回 Excel 工作表。在单元格 D4 中输入"石瑶",然后拖动填充柄,单元格会自动填充自定义的名字序列。

(4)输入学生性别

学生的性别只有男、女两种有效值,其余的输入不合法,所以应对性别单元格进行有效值的设置。

①选择学生性别单元格范围"E4:E23",单击"数据",在"数据工具"选项组中单击"数据有效性",打开"数据有效性"对话框,如图 4-11 所示。

②在"数据有效性"对话框中,单击"设置"选项组,"允许"下拉列表框中选择"序列","来源"文本框中输入"男,女"。

③单击"确定"按钮,然后在 Excel 表中相应位置选择对应的性别即可。

日积月累

"来源"文本框中输入"男,女",之间符号是英文状态下的","。

图4-11　数据有效性窗口

（5）输入报道时间

报道时间的输入可以采取以下快捷键的方式：

- "Ctrl + Shift + ;"，插入当前时间；
- "Ctrl + ;"，输入日期；

所以可以先按下"Ctrl + ;"，输入日期 ，再按下"Ctrl + Shift + ;"，插入当前时间，如："2012- 4-18　14：17：00"。

2. 工作表的美化

（1）标题文字格式设置

单击"开始"选项卡，设置字体为"黑体"、字号为"22 号"，颜色为"蓝色"，如图4-12 所示。

图4-12　标题格式设置

（2）建档日期格式设置

选中输入日期的单元格，单击"开始"选项卡，单击"对齐方式"选项中的 ▤，设置文本对齐方式为"右对齐"，如图4-13 所示。

图4-13 "单元格格式"对话框中的"对齐"选项卡

日积月累

　　选中要设置格式的单元格,右键单击"设置单元格格式",可以在"设置单元格格式"对话框中选择"对齐"选项卡对单元格的对齐方式进行详细设置。

　　(3)出生日期数据的格式化

　　将F4:F23单元格区域选中依次选择"开始"→"数字"选项组→"常规"→日期格式。如果需要设置其他格式,则选择"其他数字格式",将打开"设置单元格格式"对话框,选择"数字"选项卡,便出现图4-10所示的窗口。在此窗口中选择"分类"列表框中的"日期",然后在"类型"列表框中选择"2001年3月14日",单击"确定"按钮完成设置,设置好的日期格式显示如图4-14所示。

图4-14 出生日期格式设置

（4）报到日期格式设置

因为报到日期和时间的不同，报到日期所呈现出来的位数不一致，如："2012-9-3 13：43"和"2012-8-30 5：43"，这样显示出来不够统一美观，现在我们需要设置统一长度的日期格式。方法如下：

①将 I4：I23 单元格区域选中，按照上面出生日期的设置方式一样，"设置单元格格式"对话框。

②选择"数字"选项卡下的"自定义"选项，在"类型"下将原来的"yyyy-m-d h：mm"，修改为"yyyy-mm-dd hh：mm：ss"，然后单击确定"按钮"，如图4-15 所示。

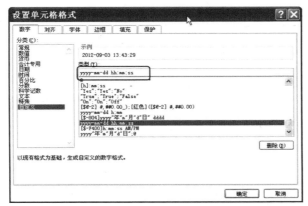

图4-15　设置单元格格式窗口

（5）表格的格式设置

● 表格内容居中对齐：选中 A3：I23 单元格区域，然后选择"开始"选项卡中的"对齐方式"选项组中的水平对齐：▤和垂直对齐▤，将表格数据在水平和垂直方向都居中对齐。

● 设置表格边框：选中 A3：J17 单元格区域，然后选择"开始"选项卡里的"字体"选项组，选择 ▦▾ 右边的下拉列表进行设置表格的边框。也可以右键单击"设置单元格格式"，可以在"设置单元格格式"对话框中选择"边框"选项卡对单元格的对齐方式进行详细设置。

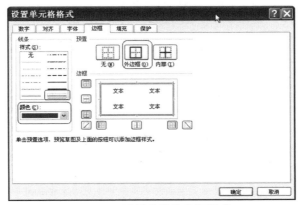

图4-16　设置单元格边框样式

99

● 设置表格外边框的样式：在"边框"选项卡中的"线条"下"样式"列表中选择"双线"，"颜色"为"深蓝"，在"预置"中选择"外边框"，如图4-16所示。

● 设置内部的样式：在"边框"选项卡中的"线条"下"样式"列表中选择"单线"，颜色为"蓝色"，在"预置"中选择"内部"，完成对表格边框线的设置。

（6）设置单元格底纹

①选中 A1∶I2 单元格，然后选择"开始"选项卡里的"字体"选项组，然后选择 右边的下拉列表，可以直接选择填充的背景颜色；

②如果想设置效果更多的背景图案，可以右键单击"设置单元格格式"，可以在"设置单元格格式"对话框中选择"填充"选项卡对单元格的对齐方式进行详细设置。

单击"填充效果"按钮，在出现的"填充效果"对话框中选择"双色"，"底纹样式"选择"水平"，"颜色1"和"颜色2"，分别选择"白色"和"蓝色"，然后单击"确定"按钮，可以对表格的标题栏设置如图4-17所示。

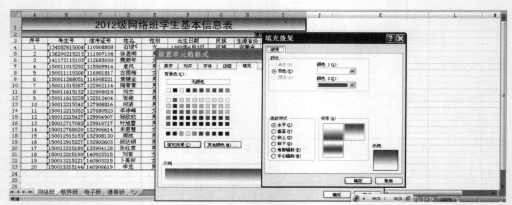

图4-17　"图案"选项卡

③还可以所示中 A1∶I2 单元格，然后选择"开始"选项卡里的"样式"选项组，在其下拉菜单中直接选择样式，如图4-17所示。这里我们选择"标题"里的"标题3"样式。

（7）调整标题栏行高和列宽

①单击窗口左边第3行行标签位置，选中整行，然后右键选择"行高"命令，在出现的对话框中输入"20"，单击"确定"按钮完成行高设置。

②单击窗口上方第I列列标签位置，选中整列，然后右键选择"列宽"命令，在出现的对话框中输入"20"，单击"确定"按钮完成列宽设置。用同样的方法设置出生日期列为合适宽度。

任务二　制作学生成绩表

学生成绩表是学生管理中最基本的应用。用 Excel 制作学生成绩表可以很方便地对学生的成绩进行汇总、计算、排序,这样可以对学生的成绩情况做简单的分析。公式和函数的应用是 Excel 实现其强大数据处理功能的重要途径之一。本任务通过学生成绩表的设计,让大家理解公式、函数的概念、意义及使用方法。

一、任务描述

到了期末,同学们的考试成绩出来后,需要小刘帮助老师对学生的所有期末成绩做个统计,如图 4-18 所示,包括有以下内容:

①计算出每名学生的总分。

②计算出每名学生的平均分。

③对学生的成绩按照总分进行排序,标注出名次。

④根据不同的平均分给出学生成绩的等级,分为优、良、中、合格和不合格。

⑤设置学生成绩表的页眉页脚和背景图片。

⑥制作成绩单,同时把制作好的学生成绩表打印 20 份。

对于数据的基本处理,包括求和、求平均分、最高分、最低分等也是 Excel 的主要应用之一,小刘继续选择利用 Excel 2007 来帮助老师解决这个问题。

2012年秋季期末成绩表

序号	学号	姓名	专业英语(计算机)	微机组装与维护	体育(3)	大学语文与写作(2)	网页设计与制作	Linux操作系统	职业素质与就业训练(3)	网站美工	总成绩	平均成绩	名次	等级
1	1002622	刘婷	93	93	88	93	93	93	93	93	739	92.38	1	优
2	1002617	冉佳鑫	91	93	92	90	95	90	96	91	738	92.25	2	优
3	1002627	李祖维	92	92	92	92	92	92	92	90	734	91.75	3	优
4	1002618	刘娇娇	95	65	95	95	95	95	95	95	730	91.25	4	优
5	1002626	王小利	88	90	90	88	88	88	88	88	708	88.5	5	良
6	1002629	张杨	87	87	87	87	87	87	87	87	696	87	6	良
7	1002625	苏列秀	88	88	88	67	88	88	88	88	683	85.38	7	良
8	1002623	刘慧	93	88	93	67	93	88	67	88	682	85.25	8	良
9	1002631	袁肖	79	86	77	93	67	87	93	90	672	84	9	良
10	1002621	周珂春	88	80	78	82	80	79	82	85	654	81.75	10	良
11	1002632	刘必华	85	67	85	85	77	78	85	85	647	80.88	11	良
12	1002620	从瑶	88	56	57	88	88	90	88	88	643	80.38	12	良
13	1002630	吴真伟	79	88	79	79	79	79	79	79	641	80.13	13	良
14	1002619	郭以娟	86	86	67	84	89	67	78	86	640	80	14	中
15	1002633	陈秋红	55	56	67	91	91	91	91	91	633	79.13	15	中
16	1002615	兰文浪	88	90	88	70	88	67	56	78	625	78.13	16	中
17	1002616	喻俊杰	68	68	90	68	79	78	66	77	594	74.25	17	中
18	1002624	文小梅	71	63	60	70	55	67	77	78	541	67.63	18	及格
19	1002628	彭俊华	55	70	67	50	62	56	57	55	472	59	19	不及格

2012.06.23

图 4-18　学生期末成绩表

二、任务准备

1. 公式与函数

当需要将工作表中的数据进行总计、平均、汇总以及其他更为复杂的运算时,可以在单元格中设计一个公式或函数,把计算的工作交给 Excel 去做,不但省事,而且可以避免用户手工计算的复杂和出错,数据修改后,公式的计算结果也自动更新。

（1）公式

Excel 中的公式最常用的是数学运算公式,此外也可以进行一些比较、文字连接运算。它的特征是以"="开头,由常量、单元格引用、函数和运算符组成。

a. 公式运算符

公式中可使用的运算符包括:

- 数学运算符:加（+）、减（-）、乘（*）、除（/）、百分号（%）、乘方（^）等。
- 比较运算符: =、>、<、> =（大于等于）、< =（小于等于）、< >（不等于）。
- 文字运算符:&,它可以将两个文本连接起来,其操作数可以是带引号的文字,也可以是单元格地址。

例如:"重庆城市管理职业学院"&"信息工程学院"结果为"重庆城市管理职业学院信息工程学院",若 A1 ="重庆",B1 ="城市管理职业学院",则 A1&B1 的结果为"重庆城市管理职业学院"。

b. 公式输入

公式一般都可以直接输入,方法为:先单击要输入公式的单元格,再输入如"= B1 * B2"的公式,最后按回车键或单击编辑栏中的 ✓ 按钮。

（2）函数

Excel 提供了很多函数,为用户对数据进行运算和分析带来极大方便。

a. 函数输入

函数输入有两种方法:粘贴函数法、直接输入法。

由于 Excel 有几百个函数,记住函数的所有参数难度很大,为此,Excel 提供了粘贴函数法,引导用户正确输入函数。我们以公式"= SUM（B1:D2）"为例说明函数粘贴输入法:

①单击要输入函数的单元格如 E2。

②单击编辑栏的粘贴函数按钮 ƒx,或选择"插入"→"函数"命令,出现如图 4-19 所示的"插入函数"对话框。

③在"选择函数类别"中选择"常用函数"。

④在"选择函数"列表框中选择函数名称如"SUM",单击"确定"按钮,出现如图 4-20 所示的函数参数输入对话框。

⑤在参数框中输入常量、单元格或区域。如果对单元格或区域无把握时,可单击参数框右侧的"折叠对话框"按钮 ▨,以暂时折叠起对话框,显露出工作表,用户可选择单元格

区域(如 B1:D2),最后单击折叠后的输入框右侧还原按钮，恢复参数输入对话框。

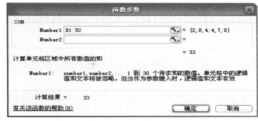

图 4-19　"插入函数"对话框　　　　　　图 4-20　"函数参数"对话框

⑥输入完成函数所需的所有参数后,单击"确定"按钮。在指定单元格中将显示计算结果,在编辑栏中显示公式。

b. 自动计算

Excel 提供自动计算功能,利用它可以自动计算选定单元格的总和、均值、最大值等,其默认计算为求总和。其任务栏的显示,也可以自己设置,下面以在"任务栏"添加自动计算"最小值"为例来介绍。

①在状态栏单击鼠标右键,可显示自动计算快捷菜单,单击选择"最小值"命令。

②此时,选择某计算功能后,选定单元格区域时,其计算结果将在状态栏显示出来。如图 4-21 所示,在状态栏显示中多了"最小值"这一项。

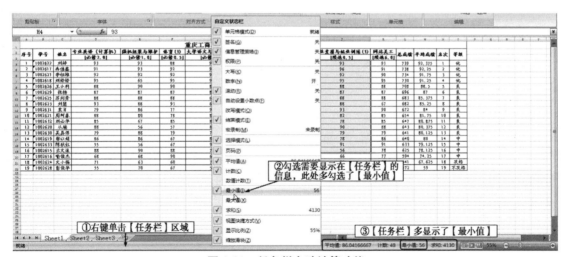

图 4-21　任务栏自动计算功能

2. 单元格引用和公式的复制

公式的复制可以避免大量重复输入公式的工作,当复制公式时,涉及单元格区域的引用,引用的作用在于标识工作表上的单元格区域,并指明公式中所使用数据的位置。区域引用又分为相对引用、绝对引用和混合引用。

● 相对引用:Excel 中默认的单元格引用为相对引用,如 A1,B1 等。相对引用是当公式在复制或移动时会根据移动的位置自动调节公式中引用单元格的地址。例如本案例中

的 E4 单元格的公式为"＝SUM(B4:D4)",当求和公式从 E4 单元格复制到 E5 单元格时,
E5 单元格的公式变为"＝SUM(B5:D5)",公式区域从 E4 移动到 E5 时,引用区域也相应地
从(B4:D4)变为(B5:D5)区域,以此类推。相对引用是实现公式复制的基础。

● 绝对引用:与相对引用比较,绝对引用只是在单元格区域中加了美元符号"$"。绝对
引用的单元格将不随公式位置变化而改变。在上例中,若 E4 公式改为"＝SUM($B$4:$D
$4)",再将公式复制到 E5,你会发现 E5 单元格的公式还是"＝SUM($B$4:$D$4)",公式
区域从 E4 移动到 E5 时,引用区域不会发生任何变化。

● 混合引用:是指单元格地址的行号或列号前加上"$"符号,如$B1 或 B$1。当公式
单元因为复制或插入而引起行列变化时,公式的相对地址部分会随位置变化,而绝对地址
部分仍不变化。例如 E4 单元格的公式为"＝SUM($B4:D$4)"就是混合引用,如果将公式
从 E4 单元格复制到 E5 时,E5 单元格的公式会变为"＝SUM($B5:D$4)";若将公式从 E4
单元格复制到 F4 时,F4 单元格的公式会变为"＝SUM($B4:E$4)";若将公式从 E4 单元
格复制到 F5 时,F5 单元格的公式会变为"＝SUM($B5:E$4)"。混合引用在实际工作中
应用不是很多。

3. 数据编辑

单元格中数据输入后可以进行修改、清除、删除、复制和移动等操作。

(1)数据修改

● 在编辑栏修改:单击要修改的单元格,然后在编辑栏中进行修改,按 ✔ 按钮确认修
改,按 ✖ 按钮或"Esc"键放弃修改。此方法适合内容较多或公式的修改。

● 在单元格修改:双击单元格,然后在单元格中进行修改,按"Enter"键确认。此方法
适合内容较少的修改。

(2)数据清除

数据清除针对的对象是数据,单元格本身不受影响。

方法:选取需清除数据的单元格或区域,单击"编辑"→"清除"命令,在级联菜单中选
择相应项目(全部、格式、内容、批注)即可。数据清除后单元格中的相应内容被取消,而单
元格本身仍留在原位置不变。

(3)数据删除

数据删除针对的对象是单元格,删除后单元格连同里面的数据都从工作表中消失。

方法:选取单元格或区域,选择"编辑"→"删除"命令,出现对话框,用户可选择"右侧
单元格左移"或"下方单元格上移"来填充被删掉单元格留下的空缺。选择"整行"或"整
列"将删除选取区域所在的行或列,其下方行或右侧列自动填充空缺。当选择要删除的区
域为若干整行或若干整列时,将直接删除而不出现对话框。

4. 打印预览

在 Excel 2007 中,直接单击"Office 按钮"→"打印"→"打印预览",会出现如图 4-22 的
打印错误提示。

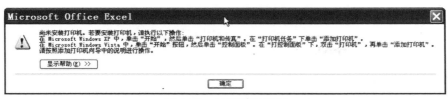

图 4-22　打印错误提示

但是如果不对数据表进行打印预览,很有可能在打印的时候出现错误。下面就介绍一种简单的方式能够在 Excel 2007 当中应用"打印预览"功能。

①打开"控制面板"。

②单击"打印机和传真"图表,进入"添加打印机"向导。

③直接单击"下一步"按钮,在出现的对话框中选择"连接到此计算机的本地打印机",继续单击"下一步"按钮。

④在"新打印机检测"阶段因为我们没有安装打印机,所以继续单击"下一步"按钮手动安装打印机。

⑤在进入到"选择打印机端口"阶段,直接以默认选项,继续单击"下一步"按钮。

⑥在进入到"安装打印机软件"时,随便选择一个"厂商"及"打印机"型号,继续单击"下一步"按钮。

⑦进入到"打印测试页",选择"否",因为我们并没有打印机,所有也就不用测试页。

⑧单击"完成"按钮,完成添加打印机向导。一般的在安装系统时,会自带有打印机的驱动程序,如果没有,需要在网络上下载一个打印机安装程序,即可完成打印机的添加。

⑨这个时候即可打开"打印预览"。同时在 Excel 2007 中"页面布局"选项卡里的"页面设置"选项组里的"页边距""纸张大小""纸张方向"等功能也显示为可用。

三、任务实施

(1)打开"素材\第 4 章\学生期末成绩初始表. xls",如图 4-23 所示。

序号	学号	姓名	专业英语	微机组装	体育(3)	大学语文	网页设计	Linux操作	职业素质	网站美工	总成绩	平均成绩	名次	等级
						重庆工商职业学院学生2012年秋期末成绩								
1	1002615	兰文浪	88	90	88	70	88	67	56	78				
2	1002616	喻俊杰	68	68	90	68	79	78	66	77				
3	1002617	冉佳鑫	91	93	92	90	95	90	96	91				
4	1002618	刘娇娇	95	65	95	95	95	95	95	95				
5	1002619	郭以娟	86	86	67	84	86	67	78	86				
6	1002620	丛瑶	88	56	57	88	88	88	90	88				
7	1002621	周珂春	88	80	78	82	80	79	82	85				
8	1002622	刘婷	93	93	88	93	93	93	93	93				
9	1002623	刘慧	93	88	93	67	93	93	88	67				
10	1002624	文小梅	71	63	60	70	55	67	77	78				
11	1002625	苏列秀	88	88	88	67	88	88	88	88				
12	1002626	王小利	88	90	90	88	88	88	88	88				
13	1002627	李祖维	92	92	92	92	92	92	92	90				
14	1002628	彭俊华	55	70	67	50	62	56	57	55				
15	1002629	张杨	87	87	87	87	87	87	87	87				
16	1002630	吴熹伟	79	88	79	79	79	79	79	79				
17	1002631	袁肖	79	86	77	93	67	87	93	90				
18	1002632	刘必华	85	67	85	85	77	85	78	85				
19	1002633	陈秋红	55	56	67	91	91	91	91	91				

图 4-23　学生期末成绩初始表

（2）插入学分行

添加学分行。在表格的第 3 行处添加一行用来存放每门课程的学分。具体操作如下：

鼠标单击第 3 行的行标"3"选中整行，然后鼠标右键选择"插入"操作，即可在第 3 行的位置插入新的空白行，其余内容依次后移一行。在对应行里输入学分即可。

技高一筹

也可以在选中第 3 行后，直接单击"开始"选项卡，选择"单元格"选项组里的"插入"下拉菜单中的"插入工作行"命令来实现行的插入，如图 4-24 所示。

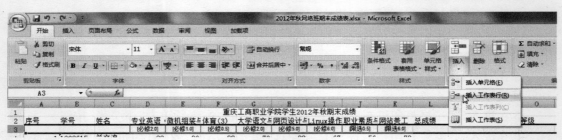

图 4-24　插入工作表行

（3）调整列宽

有些单元格里的内容已经超过了原始列宽，需要进行调整才能看到所有内容，具体操作如下：

选中 D3 到 K3 的列名单元格，单击"开始"选项卡，选择"单元格"选项组里的"格式"下拉菜单中的"自动调整列宽"命令来实现列宽的自动调整。

技高一筹

也可以在选中第三行，直接单击"开始"选项卡，选择"单元格"选项组里的"格式"下拉菜单中的"列宽"命令，在弹出的"列宽"对话框中输入列宽来实现列宽的调整，这是被选中的单元格列宽一样。

日积月累

"文本控制"的 3 种不同方式：

● 自动换行：单元格宽度不变，对超过单元格宽度的文字换下行显示。

● 缩小文字填充：单元格宽度不变，单元格里的文字缩小字体以适应列宽。

● 合并单元格：单元格的宽度横向增加，直到能够容纳所有内容。一般不建议使用。

（4）计算总分和平均分

a. 计算总成绩

把光标移动到 L4 单元，单击"公式"选项卡下的"求和" Σ 命令，则在 L4 单元格和编辑栏的编辑框中将显示"＝SUM（B4：D4）"，如图4-25所示的信息，单击"Enter"键完成总分的计算。

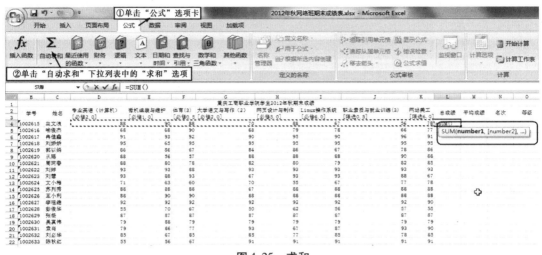

图4-25 求和

但对于这些相似的操作，不需要采用重复的步骤。可以通过最常用的自动填充法复制公式来计算其他学生的成绩。先选中L4单元格，然后将鼠标移到L4单元格右下角，当光标变成填充柄的黑十字"＋"符号时，按住鼠标不放，向下拖到L22单元格，释放鼠标，此时所有学生的总成绩都已快速的计算出来了。

b．计算平均分

计算平均分的方法有两种，一种是利用AVERAGE求平均分的公式，另一种是直接手动输入数学公式。

●利于AVERAGE求平均值函数

①光标移动到M4单元格，单击"公式"选项卡下的"函数求和"下拉列表中的"平均值"命令，则在M4单元格和编辑栏的编辑框中将显示"＝AVERAGE（D4：L4）"，如图4-26所示。

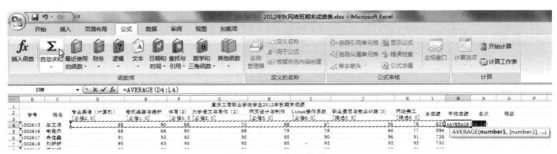

图4-26 求平均值

②修改 I4 为 K4,按"Enter"键或编辑栏上的"✓"按钮,完成对第一个学生的平均分成绩的计算。

③选中 L4 单元格,然后将鼠标移到 L4 单元格右下角,当光标变成填充柄的黑十字"＋"符号时,按住鼠标不放,向下拖到 L22 单元格,释放鼠标,完成所有学生的平均成绩的计算工作。

- 直接输入公式求平均值

光标移动到 M4 单元格,在 M4 单元格内或者编辑框中输入:"＝D4＋E4＋F4＋G4＋H4＋I4＋J4＋K4/8",按"Enter"键或编辑栏上的"✓"按钮,完成对第一个学生的平均分成绩的计算。

(5)成绩排序并标注出名次

在排名前需要对学生的成绩进行从高到底的排序,然后再根据排序后的序列标注出名次,所以一共分为以下两个步骤:

①选中 B4:M22 区域的单元格。

②单击"开始"选项卡,选择"编辑"选项组里的"排序与筛选"下拉列表中的"自定义排序",在弹出的"排序"对话框中进行如下设置,如图 4-27 所示,单击"确定"按钮完成排序操作。

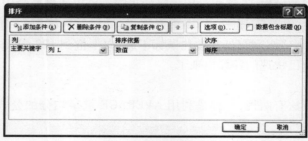

图 4-27 排序窗口

③在第 N 列输入名次即可。

(6)设定学生成绩等级

①把光标移动到 O4 单元格。

②单击"公式"选项卡,在"函数库"选项组里,单击"插入函数"。

③在"插入函数"对话框中,在"选择函数"下依次单击"IF"→"确定"。

④在弹出的"函数参数"对话框中进行如下设置,如图 4-28 所示。

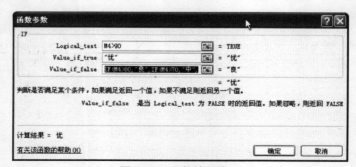

图 4-28 函数输入窗口

⑤单击"确定"按钮。这是可以看到在"O4"单元格里显示"优"。

⑥拖动"O4"单元格右下角的句柄,将此函数公式填充到该列的其他单元格。

> **技高一筹**
>
> 也可直接在函数输入框内直接输入函数公式"=IF(M4>90,"优",IF(M4>80,"良",IF(M4>70,"中",IF(M4>60,"及格","不及格")))))"。此函数公式为嵌套的IF函数,在输入时要注意各参数之间的符号。

(7)给工资表加上页眉、页脚和背景图片

①单击"页面布局"选项卡,设置"纸张方向"为横向,"纸张大小"为A4。

②依次单击"插入"→"页眉和页脚",打开"页眉和页脚"设置页眉为和页脚如图4-29所示。

图4-29 添加页眉和页脚

③单击"图片",在"插入图片"对话框中选择作为水印的背景图片,然后单击"插入"按钮把图片作为页眉插入。

④设置水印图片格式。图片一般居中插入,大小并未完全覆盖整个Excel表格,需要调整图片的大小。方法如下:单击"设置图片格式",在"设置图片格式"对话框中,选择"大小"标签,输入图片的大小:高度:21,宽度:29.7(为一般A4纸的尺寸)。

单击"图片"选项卡,颜色选择"冲蚀",然后单击"确定"按钮完成图片水印的设置。

(8)利用成绩表制作学生的成绩单

①重命名工作表。重命名"Sheet1"为"成绩表",重命名"Sheet2"为"成绩单",为下面制作每名学生的成绩单做准备。

②选中"成绩单"工作表,在 A1 单元输入公式" = IF(MOD(ROW( ) ,2) = 0,INDEX(成绩表! $A:$O,INT(((ROW( ) +1)/2)) +2,COLUMN( )),成绩表! A $2)",按"Enter"键确认。

> **技高一筹**
>
> 由于工资条中的奇数行都是表头,偶数行是数据,所以在这个公式中首先进行奇偶行判断,若是奇数行,直接取成绩表的 A2 单元格数据(即公式中的"成绩表! A $2",如果表头数据在第 4 行第 3 列则修改为"成绩表! C $4)"。若是偶数行,则用 INDEX( )函数来取数。该函数的第一个参数是指定工资表中的一个取数区域(即 sheet1! $A:$O,如果不是从 A ~ O 列,那么可以修改这个参数,如修改为 sheet1! $B $P,就表示在 B ~ P 列取数)。

③复制公式。再次选中"成绩单"表的 A1 单元格,用拖拉的方法将 A1 单元格中的公式复制到 B1 至 O1 单元格中;再同时选中 A1 至 O1 单元格,用拖拉的的方法,将上述公式复制到下面的单元格区域中(具体复制的数目,根据工资表的实际情况确定)。

④设置好工资条的字体,行宽与列宽,页面设置为"横向",然后打印出"成绩表"进行裁剪即得我们的成绩单,如图4-30所示。

	A	B	C	D	E	F	G	H	I	J	K	L	M	N	O
1	序号	学号	姓名	专业班级(学号)	微机组装与维护	体育(3)	大学语文与写作(2)	网页设计与制作	Linux操作系统	职业素质与就业训练	网站美工	总成绩	平均成绩	名次	等级
2	1	1002622	刘婷		93	93	93	93	93	93	93	739	92.375	1	优
3	序号	学号	姓名	专业班级(学号)	微机组装与维护	体育(3)	大学语文与写作(2)	网页设计与制作	Linux操作系统	职业素质与就业训练	网站美工	总成绩	平均成绩	名次	等级
4	2	1002617	冉佳鑫		91	92	90	95	90	96	91	738	92.25	2	优
5	序号	学号	姓名	专业班级(学号)	微机组装与维护	体育(3)	大学语文与写作(2)	网页设计与制作	Linux操作系统	职业素质与就业训练	网站美工	总成绩	平均成绩	名次	等级
6	3	1002627	李祖维		92	92	92	92	92	92	90	734	91.75	3	优
7	序号	学号	姓名	专业班级(学号)	微机组装与维护	体育(3)	大学语文与写作(2)	网页设计与制作	Linux操作系统	职业素质与就业训练	网站美工	总成绩	平均成绩	名次	等级
8	4	1002618	刘桥桥		95	65	95	92	95	95	95	730	91.25	4	优
9	序号	学号	姓名	专业班级(学号)	微机组装与维护	体育(3)	大学语文与写作(2)	网页设计与制作	Linux操作系统	职业素质与就业训练	网站美工	总成绩	平均成绩	名次	等级
10	5	1002624	王小利		88	90	88	88	88	88	88	708	88.5	5	良
11	序号	学号	姓名	专业班级(学号)	微机组装与维护	体育(3)	大学语文与写作(2)	网页设计与制作	Linux操作系统	职业素质与就业训练	网站美工	总成绩	平均成绩	名次	等级
12	6	1002629	张杨		87	87	87	87	87	87	87	696	87	6	良
13	序号	学号	姓名	专业班级(学号)	微机组装与维护	体育(3)	大学语文与写作(2)	网页设计与制作	Linux操作系统	职业素质与就业训练	网站美工	总成绩	平均成绩	名次	等级
14	7	1002625	苏列秀		88	88	67	88	88	88	88	683	85.375	7	良
15	序号	学号	姓名	专业班级(学号)	微机组装与维护	体育(3)	大学语文与写作(2)	网页设计与制作	Linux操作系统	职业素质与就业训练	网站美工	总成绩	平均成绩	名次	等级
16	8	1002623	刘慧		93	88	88	88	88	88	67	682	85.25	8	良
17	序号	学号	姓名	专业班级(学号)	微机组装与维护	体育(3)	大学语文与写作(2)	网页设计与制作	Linux操作系统	职业素质与就业训练	网站美工	总成绩	平均成绩	名次	等级
18	9	1002631	袁肖		79	86	77	93	67	93	90	672	84	9	良
19	序号	学号	姓名	专业班级(学号)	微机组装与维护	体育(3)	大学语文与写作(2)	网页设计与制作	Linux操作系统	职业素质与就业训练	网站美工	总成绩	平均成绩	名次	等级
20	10	1002621	周珂香		88	80	78	82	79	82	85	654	81.75	10	良
21	序号	学号	姓名	专业班级(学号)	微机组装与维护	体育(3)	大学语文与写作(2)	网页设计与制作	Linux操作系统	职业素质与就业训练	网站美工	总成绩	平均成绩	名次	等级
22	11	1002632	刘必华		85	87	85	85	77	78	85	647	80.875	11	良
23	序号	学号	姓名	专业班级(学号)	微机组装与维护	体育(3)	大学语文与写作(2)	网页设计与制作	Linux操作系统	职业素质与就业训练	网站美工	总成绩	平均成绩	名次	等级
24	12	1002620	丛瑶		88	56	89	88	88	90	88	643	80.375	12	良

图4-30 成绩单

> **日积月累**
>
> 在进行 A1 单元格的公式输入时,不能引用其合并的单元格。

(9)打印成绩表

依次单击"Office 按钮"→"打印"→"打印(p)",在打开的"打印内容"对话框中,"打印份数"处填入 20,单击"确定"按钮即可打印成绩表 20 份。

任务三 学生信息检索

信息检索是数据管理的基本操作之一,在 Excel 2007 软件中可以利用查找、排序和筛选、分类汇总等命令来帮助我们在工作表的大量信息中快速查询我们所需要的信息。

一、任务描述

辅导员希望通过小刘想了解网络班学生的基本情况,有以下几点内容:

①考生号为"11500116152285"的员工的基本信息。

②所有重庆生源学生的基本情况。

③所有不是重庆生源的女生的基本情况。

④民族为"土家族"、生源身份为"重庆"或民族为"苗族"、性别为"女"的学生名单。

在一大堆数据中要挨个查询数据是一件非常麻烦的事情,但是在 Excel 中提供了一些非常好用的数据查询方法,综合利用将大大提高数据查询的效率。小刘马上按照辅导员的指示,进行了如下的查询操作,并很快形成报告上交辅导员。

二、任务准备

筛选操作可以帮助我们在海量数据中将我们不关心的数据暂时隐藏起来,只显示我们所需的信息。筛选操作可通过单击"开始"选项卡→"排序和筛选"选项组里的"筛选"或"高级"命令来实现。数据筛选可以分为数字筛选、文本筛选和日期筛选等;也可以分为自动筛选和高级筛选。

1. 自动筛选

自动筛选就是将符合条件的内容筛选出来。自动筛选分为自定义自动筛选和自定义筛选。

下面通过对前面所做实例"学生期末成绩表"的操作来介绍自定义筛选的方法。

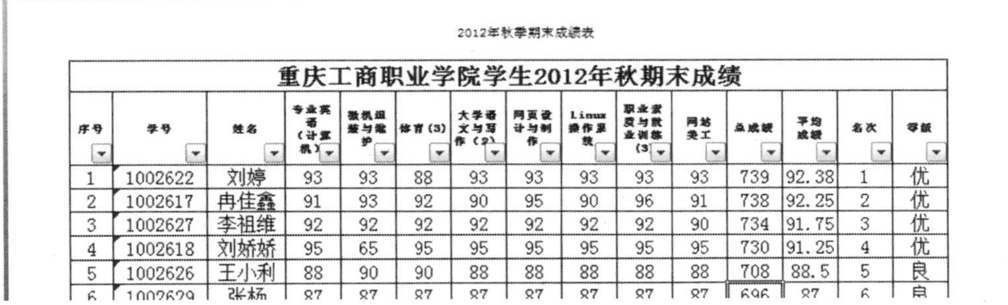

图 4-31 自动筛选

①打开"美好假日酒店5月份工资表",选中A3:L8区域,单击"数据"选项卡,"排序和筛选"选项卡里的"筛选"命令,此时所选中单元格的右下方会出现 🔽,如图4-31所示。

> **技高一筹**
>
> 打开"筛选"命令,也可以单击"开始"选项卡,"编辑"选项组里的"排序和筛选"下拉菜单中的"筛选"命令。

②单击"总成绩"右侧下三角按钮,在弹出的菜单中选择筛选条件,选择"数字筛选"→"大于或等于"。

> **日积月累**
>
> 在进行"数字筛选"的选择时,也可以选择其他项,例如:"10个最大值""高于平均值"等选项。

③在弹出的"自定义自动筛选方式"对话框中,按照如图4-32中进行设置。

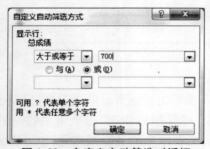

图4-32　自定义自动筛选对话框

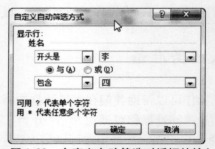

图4-33　自定义自动筛选对话框的输入

> **日积月累**
>
> 选择"与"代表第一个条件和第二个条件同时满足,选择"或"表示第一个条件和第二个条件满足其一即可。

④单击"确定"按钮。可以看到最后显示"总成绩"大于等于700的行。

筛选功能不仅可以数值型数据进行筛选,还可以对文本型数据进行筛选,例如:对"姓名"进行自定义"文本筛选",可以进行如下"自定义自动筛选方式"设置,来找出开头是"李",且包含有"四"的学生,如图4-33所示。

图4-34　高级筛选对话框

2.高级筛选

若要通过复杂的条件来筛选单元格区域,可以选择"数据"选项卡,"排序和筛选"选项组里的"高级"按钮 　高级 ,打开"高级筛选"对话框,如图4-34所示。"高级"命令的工作方式在几个重要的方面与"筛选"命令有所不同。可以在工作表以及要筛选的单元格区域或表上的单独条件区域中键入高级条件。Microsoft Office Excel 将"高级筛选"对话框中的单独条件区域用作高级条件的源。具体操作可以参照任务实施第4条。

三、任务实施

1. 根据学生的考生号查询学生基本信息

对于此类信息的查询,可通过 Excel 软件的查找命令来实现信息的检索。具体操作步骤如下:

①单击"开始"选项卡,再单击"查找和编辑"选项组里"查找和选择"的下拉菜单,选择"查找",打开"查找与替换"对话框。

②在打开的"查找与替换"对话框中,"查找内容"出输入要查找的内容,这里输入要查找的考生号"11500116152285"。

③然后单击"查找下一个"按钮,这时可以看到橘色框线框住的就是要查找的内容。

2. 查询所有重庆籍学生

Excel 的自动筛选功能可以把暂时不需要的数据隐藏起来而只显示符合条件的数据记录,这在管理数据量很大的工作表时相当有用。查询所有重庆籍学生的操作步骤如下:

①依次单击"数据"选项卡,"排序和筛选"选项组里的"筛选"。

②单击"生源省"右边下拉箭头 ,在"文本筛选"下的复选框中,依次单击不需要勾选的项,最后只留下"重庆市"被勾选。

③单击"确定"按钮,则可以看到只有生源省为"重庆市"的信息行被留下,其余的被隐藏,如图4-35所示。

图 4-35　在 Excel 中进行文本筛选

若要恢复筛选前的信息显示状态，可以再次单击"生源省"旁的下拉三角符号，在下拉列表框中选择"全选"；或者选择"数据"→"筛选"→"全部显示"命令，即可显示全部数据。

若要取消自动筛选操作，可以再次单击"数据"选项卡，"排序和筛选"选项组里的"筛选"按钮。

3．查看不是重庆生源的女生的基本情况

①重复上述操作，单击"筛选"按钮，进入数据筛选状态。

②单击"生源省"右边下拉箭头▼，在"文本筛选"下的复选框中，单击"重庆市"前面的复选框，取消对"重庆市"选项的选取。

③单击"性别"，右边下拉箭头▼，在"文本筛选"下的复选框中，单击"男"前面的复选框，取消对"男"选项的选取。

④单击"确定"按钮，则可以看到只有不是重庆生源的女生的信息行被留下，其余的被隐藏，如图 4-36 所示。

图 4-36　筛选后的学生信息表

日积月累

筛选命令可以对多个筛选条件进行叠加，然后显示最终结果。

4．查看民族为"土家族"、生源省份为"重庆"或民族为"苗族"、性别为"女"的学生名单

"自动筛选"主要应用于某一列的筛选，若筛选的条件为多列或一列的多个选项，那么采用高级筛选更方便，而且对所设置的条件一目了然。要使用"高级筛选"功能筛选多列数据时,首先要建立条件区域,这个条件区域并不是数据清单的一部分,而是确定筛选应该如何进行,其位置必须与数据清单间隔至少一行或一列。高级筛选的具体操作步骤如下:

①创建条件区。在数据清单下方的 F25 单元格输入文本"民族",在 G25 单元格输入文本"生源省份",在 F26 和 G26 单元格中分别输入文本"土家族""重庆",在 F27 和 G27 单元格分别输入文本"汉"和"湖南",效果如图 4-37 所示。

	C	D	E	F	G	H	I
2							建档时间: 2012-3-1
3	准考证号	姓名	性别	出生日期	民族	生源省份	报到时间
4	110908808	石瑶	女	1993年6月3日	苗族	安徽省	2012/09/03 13:43:29
5	111907108	徐思明	男	1992年5月3日	汉族	江西省	2012/09/03 13:54:24
6	112683030	魏新年	女	1993年6月3日	汉族	河南省	2012/09/03 14:00:36
7	115909914	袁凤	男	1993年6月3日	土家族	重庆市	2012/09/03 12:55:19
8	116901817	古雨梅	女	1993年6月3日	汉族	重庆市	2012/09/03 13:28:36
9	116908221	袁辅金	男	1993年6月3日	汉族	重庆市	2012/08/25 10:52:25
10	122902114	陶青青	男	1993年6月3日	土家族	重庆市	2012/09/03 09:32:11
11	122908018	刘杰	男	1993年6月3日	苗族	贵州省	2012/08/26 14:42:48
12	122912404	张继	男	1993年6月3日	汉族	湖北省	2012/09/04 08:50:22
13	127908816	何浩	男	1993年6月3日	土家族	重庆市	2012/09/03 14:48:49
14	127680523	李净峰	女	1993年6月3日	汉族	重庆市	2012/09/01 13:14:36
15	129904907	邹欣欣	男	1993年6月3日	汉族	湖南省	2012/09/02 11:45:32
16	129916717	叶旭蕾	男	1993年6月3日	土家族	重庆市	2012/09/03 10:55:32
17	132906614	朱恩慧	女	1993年6月3日	汉族	云南省	2012/09/03 12:15:34
18	132908130	周杭	男	1993年6月3日	汉族	重庆市	2012/09/02 10:53:49
19	132902603	邱达钢	男	1993年6月3日	苗族	云南省	2012/08/31 11:21:07
20	133904128	孙红君	男	1993年6月3日	汉族	重庆市	2012/09/03 15:09:48
21	140923315	刘奇	女	1993年6月3日	苗族	重庆市	2012/09/03 15:09:48
22	140903315	卜美林	女	1993年6月3日	汉族	湖北省	2012/09/03 17:06:10
23	140906619	李龙	男	1993年6月3日	汉族	重庆市	2012/09/02 09:31:17
24							
25				民族	生源省份	◄ 条件区域	
26				土家族	重庆		
27				汉	湖南		
28							

图 4-37　建立条件区域

②单击"数据"选项卡,"排序和筛选"选项组里的"高级"按钮 ✓ 高级 ,打开"高级筛选"对话框。

③在"方式"处选中 ⊙ 在原有区域显示筛选结果 (F) 。

④单击在"列表区域"后面的 按钮,当鼠标变成一个空心十字架形式时,按住鼠标左键不动,拖动选取"列表区域",选择完成后再次单击 按钮完成选择。

⑤选择"条件区域"的方式如上第④步骤的操作,选择区域为 F25 到 G27 。

⑥单击"确定"按钮。

如果在"高级筛选"对话框中选择了 ⊙ 将筛选结果复制到其他位置 (O) 按钮,则还需在"复制到"框中输入存放高级筛选结果的单元格区域范围,如图 4-38 所示,单击"确定"按钮后结果如图 4-38 所示。

2012级网络班学生基本信息表

建档时间：2012-3-1

序号	考生号	准考证号	姓名	性别	出生日期	民族	生源省份	报到时间
1	134082615004	110908808	石瑶	女	1993年6月3日	苗族	安徽省	2012/09/03 13:43:29
2	136200215213	111907108	徐思明	男	1992年5月3日	汉族	江西省	2012/09/03 13:54:24
3	141172115103	112683030	魏新年	女	1993年6月3日	汉族	河南省	2012/09/03 14:00:36
4	150011015292	115909914	袁凤	男	1993年6月3日	土家族	重庆市	2012/09/03 12:55:19
5	150011115306	116901817	古雨梅	女	1993年6月3日	汉族	重庆市	2012/09/03 13:28:36
6	150011268051	116908221	袁辅金	男	1993年6月3日	汉族	重庆市	2012/08/25 10:52:25
7	150011515367	122902114	陶菁菁	男	1993年6月3日	土家族	重庆市	2012/09/03 09:32:11
8	150011615132	122908018	刘杰	男	1993年6月3日	苗族	贵州省	2012/08/26 14:42:48
9	150011615228	122912404	张继	男	1993年6月3日	汉族	湖南省	2012/09/04 08:50:22
10	150012215343	127908816	何浩	男	1993年6月3日	土家族	重庆市	2012/09/03 14:48:49
11	150012215352	127680523	李净峰	女	1993年6月3日	汉族	重庆市	2012/09/01 13:14:36
12	150012215437	129904907	邹欣欣	男	1993年6月3日	汉族	湖南省	2012/09/02 11:45:32
13	150012717093	129916717	叶旭蕾	男	1993年6月3日	土家族	重庆市	2012/09/03 10:55:32
14	150012768020	132906614	朱恩慧	女	1993年6月3日	汉族	云南省	2012/09/02 12:15:34
15	150012915153	132908130	周杭	男	1993年6月3日	汉族	重庆市	2012/09/02 10:53:49
16	150012915227	132902603	邱达钢	男	1993年6月3日	苗族	云南省	2012/08/31 11:21:07
17	150013215180	133904128	孙红君	男	1993年6月3日	苗族	重庆市	2012/09/03 15:28:04
18	150013215190	140923315	刘奇	女	1993年6月3日	苗族	重庆市	2012/09/03 15:09:48
19	150013215221	140903315	卜美林	女	1993年6月3日	汉族	湖北省	2012/09/03 17:06:10
20	150013315144	140906619	李龙	男	1993年6月3日	汉族	重庆市	2012/09/02 09:31:17

民族	生源省份
土家族	重庆
汉	湖南

②条件区域

③结果区域

序号	考生号	准考证号	姓名	性别	出生日期	民族	生源省份	报到时间
4	150011015292	115909914	袁凤	男	1993年6月3日	土家族	重庆市	2012/09/03 12:55:19
7	150011515367	122902114	陶青青	男	1993年6月3日	土家族	重庆市	2012/09/03 09:32:11
10	150012215343	127908816	何浩	男	1993年6月3日	土家族	重庆市	2012/09/03 14:48:49
12	150012215437	129904907	邹欣欣	男	1993年6月3日	汉族	湖南省	2012/09/02 11:45:32
13	150012717093	129916717	叶旭蕾	男	1993年6月3日	土家族	重庆市	2012/09/03 10:55:32

①列表区域,应包括标题和内容

图4-38　高级筛选后的学生信息表

任务四　产品销售数据分析

分类汇总是对数据中指定的字段进行分类,然后统计同一类记录的相关信息。统计的内容包括同一类记录中的记录条数,还可以对某些数据段求和、求平均值、求最大和最小值等。

一、任务描述

小刘毕业后当了一家电器有限公司重庆分公司的主管,他想了解企业产品销售情况,具体如下:

①各地区 2012 年 5 月份的销售总额情况。

②2012 上半年各产品的月平均销售额。

③汇总各地区的销售额。

	地区	商品名称	部门	一月份	二月份	三月份	四月份	五月份	六月份	总销售额	排名
1	通力电器有限公司2012年上半年销售业绩统计表										
3	重庆	冰箱	销售（1）部	66,500	92,500	95,500	98,000	86,500	71,000	510,000	3
4	四川	洗衣机	销售（2）部	73,500	91,500	64,500	93,500	84,000	87,000	494,000	10
5	广州	电视	销售（1）部	75,500	62,500	87,000	94,500	78,000	91,000	488,500	13
6	上海	电脑	销售（2）部	79,500	98,500	68,000	100,000	96,000	66,000	508,000	5
7	重庆	电脑	销售（3）部	82,050	63,500	90,500	97,000	65,150	99,000	497,200	9
8	上海	电视	销售（3）部	82,500	78,000	81,000	96,500	96,500	57,000	491,500	11
9	四川	冰箱	销售（3）部	84,500	71,000	99,500	89,500	84,500	58,000	487,000	14
10	广州	冰箱	销售（1）部	87,500	63,500	67,500	98,500	78,500	94,000	489,500	12
11	广州	洗衣机	销售（3）部	88,000	82,500	83,000	75,500	62,000	85,000	476,000	15
12	四川	洗衣机	销售（3）部	92,000	64,000	97,000	93,000	75,000	93,000	514,000	2
13	四川	电脑	销售（3）部	93,000	71,500	92,000	96,500	87,000	61,000	501,000	7
14	重庆	相机	销售（1）部	93,050	85,500	77,000	81,000	95,000	78,000	509,550	4
15	湖南	洗衣机	销售（3）部	96,000	72,500	100,000	86,000	62,000	87,500	504,000	6
16	重庆	电脑	销售（1）部	96,500	86,500	90,500	94,000	99,500	70,000	537,000	1
17	湖南	冰箱	销售（3）部	97,500	76,000	72,000	92,500	84,500	78,000	500,500	8
18	湖南	冰箱	销售（2）部	56,000	77,500	85,000	83,000	74,500	79,000	455,000	16

图4-39　销售业绩表

拿到公司上半年的业绩统计表后，如图4-39所示，小刘希望利用图表来分析销售业绩，能够直观地看到重庆地区上半年的各产品销售额趋势，以便及时调整销售策略。

④创建重庆地区2012年1月各产品的销售情况对比图表，如图4-40所示。

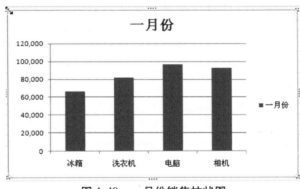

图4-40　一月份销售柱状图

二、任务准备

分类汇总是对数据清单进行数据分析的一种方法，分类汇总对数据库中指定的字段进行分类，然后统计同一类记录的有关信息。下面列出了进行分类汇总的几点注意事项：

①对数据进行分类汇总前一定要对数据进行排序。

②打开"分类汇总"对话框，"汇总项"列表框中的选择一定要合理。

③当进行分类汇总时，汇总项默认放在数据区域的下方，如果在"分类汇总"对话框中取消"汇总项显示在数据下方"的选中状态，再进行分类汇总时，汇总数据项将显示在数据区域上方。

④进行一次分类汇总后再进行分类汇总时，系统默认替代前一次分类汇总，如果在分类汇总对话框中取消"替代当前分类汇总"的选中状态，在一个页面上将会出现多次分类汇总。多次分类汇总会使页面比较混乱，一般推荐使用分类汇总的默认值。

三、任务实施

1.排名各地区销售业绩

将各地区的产品销售数据输入到 Excel 电子表格中,制作成产品销售统计表,本任务的原始销售数据如图 4-39 所示。计算出销售总额后对其总额进行排名,方法如下:

单击 K3 单元格,输入"=RANK(J3,J $3:J$46,0)",然后按"Enter"键或单击编辑工具栏上的"√"按钮,完成 K3 单元格计算排名的工作。

2.查看各地区 2012 年 5 月份的销售总额情况

产品的销售都是分区域进行的,一个好的产品销售经理需要及时了解各产品在每个区域的销售情况,以及时调整销售策略,下面就介绍如何在这个基本的产品表中按区域统计出所以商品的销售总额情况。

①对销售部按照地区排序。选中 A3 至 A18 单元格中的任意单元格,依次单击"开始"选项卡,"编辑"选项组里的"排序与筛选"下拉菜单中的"升序"或"降序",对地区列进行升序或降序的排序。

> **日积月累**
>
> 在进行分类汇总之前,必须对关键字进行升序或者降序的排序,以便将相同的关键字集中到一起,保证后一步分类汇总操作的正确的执行。

②对各地区 5 月份商品的销售总额进行分类汇总。选中 A3 至 A18 单元格中的任意单元格,单击"数据"选项卡,"分级显示"选项组里的"分类汇总"操作。

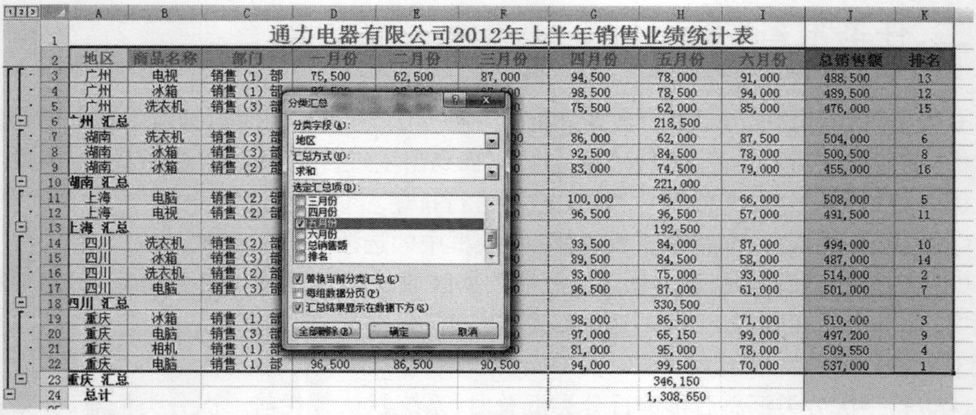

图 4-41　各地区 5 月份的销售总额分类汇总

③在弹出的"分类汇总"对话框中,选择"分类字段"为"地区","汇总方式"为"求和",

选择"选定汇总项"为"五月份"。

④最后单击"确定"按钮，即可看到在汇总栏显示了各地区 5 月份所有产品的销售总额情况，如图 4-41 所示。

3. 2012 上半年各产品的月平均销售额

分类汇总的汇总方式不仅有求和，还有求均值、计数、最大/小值、乘积、方差等方式，这些方式可以帮助我们更全面地分析数据。下面以求 2012 上半年各产品的平均销售额为例进行讲解。具体操作步骤如下：

①按照上述方式打开"分类汇总"对话框，单击"全部删除"按钮，删除上述操作的分类汇总结果，业绩统计表恢复到初始状态。

②选中 B3 至 B18 单元格中的任意单元格，依次单击"开始"选项卡，"编辑"选项组里的"排序与筛选"下拉菜单中的"升序"或"降序"，对"商品名称"列进行升序或降序的排序。

③选中 B3 至 B18 单元格中的任意单元格，单击"数据"选项卡，"分级显示"选项组里的"分类汇总"操作。

④在弹出的"分类汇总"对话框中，选择"分类字段"为"商品名称"，"汇总方式"为"平均值"，选择"选定汇总项"为"总销售额"。

⑤单击"确定"按钮，可以看到出现对各种商品上半年的每月平均值进行汇总的结果，如图 4-42 所示。

图 4-42　各产品的月平均销售额分类汇总

4. 汇总各地区的销售额

合并计算是指组合几个数据区域的值。例如，我们可以将案例中"销售业绩表"工作簿各地区上半年的销售总额合并到一个总的"公司销售业绩总表"中。具体操作如下：

①创建各地区销售情况表。重命名"sheet1"为"重庆地区"，图 4-44 是"重庆地区"的销售数据，其他地区的数据表与上海相似，具体的销售信息可参看如图 4-43 所示的数据。

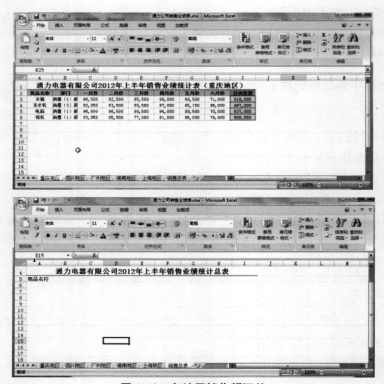

图 4-43　各地区销售额汇总

然后新建一个"销售"总表用于存放各地区的销售总额。

技高一筹

单击 Excel 工作表下方的，即可新建一个工作表，然后右键新建的工作表，单击"重命名"，为新建的工作表重命名为地区名字，以此区分各表。

②进行"合并计算"操作。切换到"销售总表"工作表，选中 A2 单元格。

③选择"数据"选项卡，"数据工具"选项组里的"合并计算"命令，打开"合并计算"对话框。

④在"函数"下拉列表框中选择"求和"选项，单击"引用位置"文本框右侧的"折叠对话框"按钮，切换到"重庆地区"工作表，拖动鼠标选取销售信息，即 A2：H6 单元格区域，也可以直接在"引用位置"处输入"重庆地区！＄A＄2:＄H＄6"，如图 4-44 所示。

⑤单击图 4-44 中的"折叠对话框"按钮，返回"合并计算"对话框。单击"添加"按钮，把该区域添加到"所有引用位置"。

图 4-44　合并计算对话框

⑥利用同样的方法添加上海、四川等地区的引用到"所有引用区域"中。同时勾选"标签位置"处的"首行""最左列"和"创建指向源数据的链接",如图 4-45 所示。

图 4-45　合并计算对话框设置

⑦单击"合并计算"对话框中的"确定"按钮完成"合并计算"操作。得到销售总表如下,在该销售业绩统计总表中可以看出各个地区每个商品在不同月份的销售总额如图 4-46 所示。

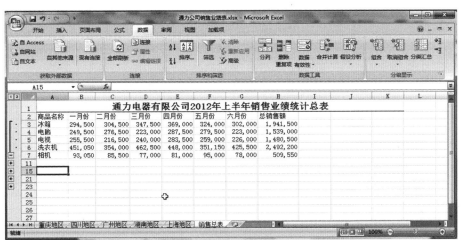

图 4-46　销售业绩统计表

5. 创建重庆地区 2012 年 1 月各产品的销售情况对比图表

①单击 A2:B6 单元格。

日积月累

　　单元格区域的选取要根据实际情况,一般包含在图表中所要显示的标题及数据。

②单击"插入"选项卡,单击"图表"工具栏里的"柱形图",在其下拉菜单中选择"二维柱形图"里的第一种图表类型。

③在工作表中出现如图 4-47 所示的图表。默认情况下的图表为嵌入式图表。

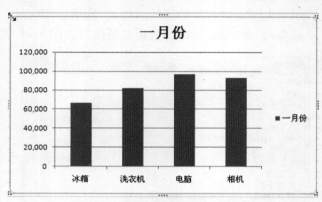

图 4-47　各产品的销售情况柱形表

日积月累

　　● Excel 中的图表分两种,一种是嵌入式的图表,它和创建图表的数据源放置在同一张工作表中;另一种是独立图表,它独立于数据表单独存于一个工作表中,图表的默认名称为"Chart1"。

　　● 在 Excel 2007 中,默认情况下插入的是嵌入式图表,可以通过以下方式修改为独立图表:

　　①单击当前图表。

　　②单击"图表工具",接着单击"位置"选项组里的"移动图表"。

　　③在弹出的"移动图表"对话框中,选中"新工作表",并在输入框中输入新工作表名"重庆地区一月份销售柱形图"。

　　④单击"确定"按钮,完成柱形图表的移动,可以看到在工作簿中出现一个名为"重庆地区一月份销售柱形图"的新工作表,新工作表里面有刚才创建的柱形图表。

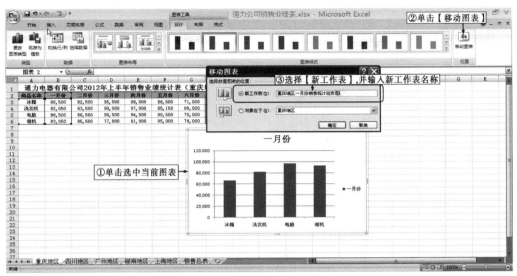

图 4-48　插入图表对话框

在柱形图中,可以一目了然的看到重庆地区,一月份各商品的销售情况,很明显,电脑的销量最高,冰箱的销量最低,依次可以作为调整销售策略的依据。

技高一筹

重复"移动图表"的操作,在"移动图表"对话框中选择"对象位于",可以将图表移动回"重庆地区"工作表中。

本章小结

Excel 是最常见的电子表格软件,它可以进行各种数据的处理、统计分析和辅助决策操作,广泛地应用于管理、统计财经、金融等众多领域。本章通过相关任务,主要介绍了 Excel 软件的以下功能:

(1)基本功能,Excel 的启动、窗口组成、工作簿的创建、数据的输入、单元格和工作表编辑,以及数据的自动填充操作等知识;

(2)数据处理及页面设置等方式,包括利用公式和函数处理 Excel 表格中的数据,行和列的操作、页面设置、工作表打印设置;

(3)数据的筛选功能,包括自动筛选和高级筛选的设置方法;

(4)数据分类汇总和数据合并计算;

(5)创建图表、添加和删除图表中的数据、移动和调整图表、改变图表类型、改变图表大小、设置图表区格式、设置数据标签格式、设置图表标题格式等操作。

希望读者能够综合运用所学的操作,在实际应用中全面提高对 Excel 2007 的应用能力。

习题 4

一、单项选择题

(1)"显示比例"工具栏在(　　)菜单下。

　　A."开始"　　　　　　　　　　　　B."插入"

　　C."视图"　　　　　　　　　　　　D."页面布局"

(2)如下图所示我们选定了一块区域,则这块区域是(　　)中的单元格区域,它的单元格地址是(　　)。

　　A. Sheet2 工作簿 B7:C9　　　　　B. Sheet2 工作簿 D3:F8

　　C. Sheet2 工作簿 B7:C9　　　　　D. Sheet2 工作簿 D3:E3:F3

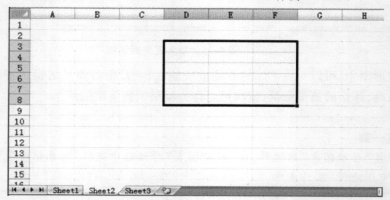

(3)您刚刚新建了一个 Excel 工作表,并在其中输入了需要的数据,这时您单击"自定义快速访问工具栏"上的 ![按钮] 按钮,此时会出现什么现象?

　　A.工作表被关闭了　　　　　　　　B.工作表被直接保存了

　　C.弹出"另存为"对话框　　　　　　D.什么也不会出现

(4)想快速填充有规律的数据时应该按住(　　)键。

　　A. Ctrl　　　　　　B. Shift　　　　　　C. Alt　　　　　　D. Del

(5)下列(　　)不是关闭工作簿,退出 Excle 程序的方法。

　　A. 使用 Alt + F4　　　　　　　　B. 单击标题栏的"关闭"按钮

　　C. 单击菜单的"关闭"按钮　　　　D. 选择"Office 按钮"→"关闭"命令

(6)下列(　　)不是创建工作簿的方法。

　　A. 选择"Office 按钮"→"新建"命令　　B. 单击"快速访问"工具栏上的 ![按钮] 按钮

　　C. 使用快捷键 Ctrl + O　　　　　　　D. 使用快捷键 Ctrl + N

(7)下列(　　)是保存文件的快捷键。

　　A. Ctrl + S　　　　　B. Ctrl + O　　　　C. Ctrl + C　　　　D. Ctrl + A

(8)工作表标签中切换到第一张工作表的按钮是(　　)。

　　A. ![] 　　　　　　B. ![] 　　　　　C. ![] 　　　　　D. ![]

(9)下面(　　)选项中的方法不能调整列宽。

　　A. 使用鼠标拖动列宽

　　B. 使用自动调整列宽

　　C. 在"调整"对话框中输入自己设定的列宽宽度

　　D. 在列名称上双击鼠标以调整列宽

(10)下列引用中,(　　)不属于公式中的单元格引用。

　　A. 相对引用　　　　B. 绝对引用　　　　C. 链接引用　　　　D. 混合引用

(11)下列引用中,(　　)的结果不随单元格位置的改变而改变。

　　A. 相对引用　　　　B. 绝对引用　　　　C. 链接引用　　　　D. 混合引用

(12)快速显示公式采用(　　)组合键。

　　A. Ctrl + C　　　　B. Ctrl + V　　　　C. Ctrl + X　　　　D. Ctrl + ~

(13)Excel 2007 中的"记录单"命令(　　)在功能区命令中。

　　A. 是　　　　　　　B. 不是

(14)在排序对话中,可以设置(　　)个排序关键字。

　　A. 1 个　　　　　　B. 2 个　　　　　　C. 3 个　　　　　　D. 1 个以上

(15)下列(　　)形式的筛选必须定义条件区域。

　　A. 自动筛选　　　　B. 自定义筛选　　　C. 高级筛选　　　　D. 以上都正确

(16)数据分类汇总的前提是(　　)。

　　A. 筛选　　　　　　B. 排序　　　　　　C. 记录单　　　　　D. 以上全错误

(17)数据合并有(　　)方式。

　　A. 3 种　　　　　　B. 4 种　　　　　　C. 5 种　　　　　　D. 2 种

(18)在本章的"制作工资条"一节中,用到了(　　)函数。

　　A. IF　　　　　　　B. SUM　　　　　　C. VLOOKUP　　　　D. MAX

(19)对已生成的图表,下列说法错误的是(　　)。

　　A. 图表的标题大小、颜色可以改变　　　B. 可以改变图表格式

　　C. 图表的位置可以移动　　　　　　　　D. 图表的类型不能改变

(20)Excel 2007 可以通过(　　)方式获取外部数据。

　　A. 自网站　　　　　B. 自 Access　　　　C. 自文本　　　　　D. 以上全对

二、多项选择题

(1)在 Excel 中,下列正确的叙述是(　　)。

　　A. 工作表默认的表格线是淡虚线　　　　B. 不能改变单元格中数据的旋转角度

　　C. 不能使文本垂直对齐　　　　　　　　D. 可以控制文本自动换行

(2)Excel 2007 中所拥有的视图方式有(　　)。

　　A. 普通视图　　　　　　　　　　　　　B. 页面视图

　　C. 大纲视图　　　　　　　　　　　　　D. 分页预览视图

(3)在工作表的绘图工具栏上含有以下图形(　　)。

　　A. 椭圆　　　　　　B. 箭头　　　　　　C. 直线　　　　　　D. 方框

（4）在 Excel 2007 中，"插入"选项卡中可以插入（　　　　）。

    A. SmartArt 图形　　　B. 行　　　　　　　C. 列　　　　　　　D. 工作表

（5）在 Excel 2007 中输入分数，可使用（　　　）操作。

    A. 直接输入即可

    B. 先将单元格设置为分数的格式，然后再输入分数内容

    C. 先输入数字 0，再输入空格，最后输入分数内容

    D. 先输入分数内容，然后再通过"单元格格式"对话框将其设置为分数格式

（6）在 Excel 2007 中，序列有（　　　　）种类型。

    A. 等差序列　　　　　　　　　　　B. 日期序列

    C. 等比序列　　　　　　　　　　　D. 自动填充序列

（7）对工作表重命名可以采用以下（　　　）方法。

    A. 双击该工作表标签

    B. 右击该工作表名，在弹出快捷菜单中选择"重命名"命令

    C. 双击工作簿

    D. 选择"文体"→"另存为"命令，输入重命名的文件名

（8）在 Excel 2007 中，多个工作簿窗口的排列方式有（　　　　）。

    A. 平铺　　　　　　B. 水平并排　　　　C. 垂直并排　　　　D. 层叠

三、填空题

（1）Excel 可以用来制作电子表格，即工作簿。工作簿包含多张不同的＿＿＿＿＿＿，称为工作表，默认情况下，包含＿＿＿＿个工作表。

（2）工作簿是 Excel 2007 中计算和存储数据的文件，扩展名为＿＿＿＿＿。

（3）每个工作簿内最多可以有＿＿＿＿＿＿＿个工作表，当前工作的只有一个，叫做＿＿＿＿＿。

（4）写出 Excel 2007 中常用的 5 种图表类型：＿＿＿＿、＿＿＿＿、＿＿＿＿、＿＿＿＿、＿＿＿＿。

（5）折线图可以显示随时间而变化的连续数据。在折线图中，类别数据沿＿＿＿＿轴均匀分布，所有值数据沿＿＿＿＿轴均匀分布。

（6）＿＿＿＿＿＿进行复制操作，＿＿＿＿＿＿进行粘贴操作。

（7）按＿＿＿＿键可以同时选中多个连续的工作表，按＿＿＿＿键则同时选中多个不连续工作表。

（8）打印页面的基本设置包括：＿＿＿＿、＿＿＿＿、＿＿＿＿、＿＿＿＿、＿＿＿＿背景设置等。

（9）每个单元格在默认情况下只能显示＿＿＿＿位数值，如果大于此值，将会用＿＿＿＿来表示。

（10）在裁剪或者缩放图片的过程中，若按住"Ctrl"键和鼠标左键并拖动鼠标，则是对准＿＿＿＿＿＿进行裁剪或缩放。

四、判断题

（1）在选定区域内移动活动单元格可以使用鼠标左键或者方向键。　　　　　　（　　）

(2)在一个工作簿中,不能将所有工作表隐藏,至少要有一个工作表显示。（　　）

(3)在工作表的保护中,一次只能操作一个工作表。（　　）

(4)在工作表的保护中,密码区分大小写。（　　）

(5)对数字格式的数据,Excel 默认为右对齐。（　　）

实训 4-1　制作简单的学生成绩记载表

【任务描述】

制作一个简单的学生成绩表,要求学生的学号通过自动填充的方式录入。

学生成绩登记表								
学号	姓名	大学语文	英语	公文与写作	页设计与制	算机文化基	总分	平均分
1002615	兰文浪	88.00	74.00	88.00	72.00	74.00		
1002616	喻俊杰	68.00	85.00	75.00	78.00	92.00		
1002617	冉佳鑫	91.00	56.00	73.00	74.00	87.00		
1002618	刘娇娇	95.00	83.00	89.00	53.00	88.00		
1002619	郭以娟	86.00	78.00	80.00	83.00	89.00		
1002620	从瑶	88.00	77.00	58.00	84.00	82.00		
1002621	周珂春	89.00	82.00	80.00	85.00	89.00		
1002622	刘婷	93.00	90.00	93.00	76.00	86.00		
1002623	刘慧	93.00	85.00	90.00	59.00	87.00		
1002624	文小梅	89.00	82.00	85.00	80.00	91.00		

图 4-49　学生成绩登记表一

学生成绩登记表									
学生序号	学号	姓名	大学语文	英语	公文与写作	网页设计与制作	计算机文化基础	总分	平均分
1	1002615	兰文浪	88.00	74.00	88.00	72.00	74.00	396.00	79.20
2	1002616	喻俊杰	68.00	85.00	75.00	78.00	92.00	398.00	79.60
3	1002617	冉佳鑫	91.00	56.00	73.00	74.00	87.00	381.00	76.20
4	1002618	刘娇娇	95.00	83.00	89.00	53.00	88.00	408.00	81.60
5	1002619	郭以娟	86.00	78.00	80.00	83.00	89.00	416.00	83.20
6	1002620	从瑶	88.00	77.00	58.00	84.00	82.00	389.00	77.80
7	1002621	周珂春	89.00	82.00	80.00	85.00	89.00	425.00	85.00
8	1002622	刘婷	93.00	90.00	93.00	76.00	86.00	438.00	87.60
9	1002623	刘慧	93.00	85.00	90.00	59.00	87.00	414.00	82.80
10	1002624	文小梅	89.00	82.00	85.00	80.00	91.00	427.00	85.40

图 4-50　学生成绩登记表二

【任务要求】

(1)新建一个 Excel 工作簿,在 Sheet 1 工作表中输入如图 4-49 所示数据。

注意:“学生学号”要用自动填充的方式输入。

(2)保存工作簿。

重命名 Sheet 1 工作表为“网络班学生期末成绩”,并以“学生成绩登记表一”为名保存工作簿,退出 Excel 窗口。

(3)重新启动 Excel 并打开“学生成绩登记表一”工作簿。

(4)在学号左侧增加一列“学生序号”,如图 4-50 所示。

(5)修改表的格式如图 4-50 所示。外边框为双线,内边框为单线。

(6)将修改后的工作表另存为“学生成绩登记表二”。

实训4-2 计算学生成绩的总分、最高分和补考人数

【任务描述】

对已经建立好的学生成绩记载表二计算每位学生的总分和平均分。然后统计学生的成绩情况,通过函数计算出最高分、最低分和补考人数,如图4-51所示。

图4-51 学生成绩记载表二

【任务要求】

打开"学生成绩登记表二"工作簿。

(1)公式和函数的运用。

在"学生成绩登记表二"工作簿中,计算出每位学生的"总分"和"平均分"。(注意:"平均分"小数位数为2位)

(2)通过函数计算机出学生总分的最高分、最低分和补考人次,如图4-51所示。

①计算出总分最高分(MAX函数),结果填入单元格G15;

②计算出总分最低分(MIN函数),结果填入单元格G16;

③计算需要参加补考的人次(COUNTIF函数),结果填入单元格G17。

实训4-3 分析某公司10月份销售情况

【任务描述】

某电器商场已经汇总了今年10月份商品的销售情况,根据要求对每种商品的销售情况进行分析,作为销售经理提交销售报告的依据。

【任务要求】

①启动Excel,输入如图4-52的表格(注意:"销售总额"一列的数据要用公式计算),并保存为"10月份销售情况表"工作簿。

××公司10月份销售情况表

部门名称	商品名称	单价	数量	销售总额	销售时间段
合川分部	洗衣机	2300	11	25300	上半月
合川分部	电冰箱	3500	9	31500	上半月
合川分部	电视机	4500	12	54000	上半月
合川分部	洗衣机	2300	10	23000	下半月
合川分部	电冰箱	3500	8	28000	下半月
合川分部	电视机	4500	11	49500	下半月
主城分部	洗衣机	2300	56	128800	上半月
主城分部	电冰箱	3500	45	157500	上半月
主城分部	电视机	4500	53	238500	上半月
主城分部	洗衣机	2300	45	103500	下半月
主城分部	电冰箱	3500	48	168000	下半月
主城分部	电视机	4500	42	189000	下半月
涪陵分部	洗衣机	2300	12	27600	上半月
涪陵分部	电冰箱	3500	20	70000	上半月
涪陵分部	电视机	4500	16	72000	上半月
涪陵分部	洗衣机	2300	11	25300	下半月
涪陵分部	电冰箱	3500	21	73500	下半月
涪陵分部	电视机	4500	15	67500	下半月
丰都分部	洗衣机	2300	11	25300	上半月
丰都分部	电冰箱	3500	12	42000	上半月
丰都分部	电视机	4500	15	67500	上半月
丰都分部	洗衣机	2300	9	20700	下半月
丰都分部	电冰箱	3500	16	56000	下半月
丰都分部	电视机	4500	12	54000	下半月

图4-52　某商场10月份商品销售情况

②用自动筛选查看"合川分部"的销售情况,结果如图4-53所示。

××公司10月份销售情况表

部门名称	商品名称	单价	数量	销售总额	销售时间段
合川分部	洗衣机	2300	11	25300	上半月
合川分部	电冰箱	3500	9	31500	上半月
合川分部	电视机	4500	12	54000	上半月
合川分部	洗衣机	2300	10	23000	下半月
合川分部	电冰箱	3500	8	28000	下半月
合川分部	电视机	4500	11	49500	下半月

图4-53　自动筛选合川分部商品销售情况

③自动筛选查看上半月主城的销售情况,结果如图4-54所示。

××公司10月份销售情况表

部门名称	商品名称	单价	数量	销售总额	销售时间段
合川分部	洗衣机	2300	11	25300	上半月
合川分部	电冰箱	3500	9	31500	上半月
合川分部	电视机	4500	12	54000	上半月

图4-54　合川分部上半月销售情况

④用高级筛选求出单价大于3 000并且数量大于15的记录,结果如图4-55所示。

××公司10月份销售情况表

部门名称	商品名称	单价	数量	销售总额	销售时间段		单价	数量
合川分部	电冰箱	3500	9	31500	上半月		>3000	>15
主城分部	电冰箱	3500	45	157500	上半月			
涪陵分部	电冰箱	3500	20	70000	上半月			
丰都分部	电冰箱	3500	12	42000	上半月			
合川分部	电冰箱	3500	8	28000	下半月			
主城分部	电冰箱	3500	48	168000	下半月			
涪陵分部	电冰箱	3500	21	73500	下半月			
丰都分部	电冰箱	3500	16	56000	下半月			
合川分部	电视机	4500	12	54000	上半月			
主城分部	电视机	4500	53	238500	上半月			
涪陵分部	电视机	4500	16	72000	上半月			
涪陵分部	电视机	4500	15	67500	下半月			
合川分部	电视机	4500	11	49500	下半月			
主城分部	电视机	4500	42	189000	下半月	部门名称	商品名称	单价	数量	销售总额	销售时间段
涪陵分部	电视机	4500	15	67500	下半月	主城分部	电冰箱	3500	45	157500	上半月
合川分部	电视机	4500	12	54000	上半月	涪陵分部	电冰箱	3500	20	70000	上半月
涪陵分部	电视机	4500	15	67500	下半月	主城分部	电冰箱	3500	48	168000	下半月
合川分部	洗衣机	2300	11	25300	上半月	涪陵分部	电冰箱	3500	21	73500	下半月
主城分部	洗衣机	2300	56	128800	上半月	丰都分部	电冰箱	3500	16	56000	下半月
涪陵分部	洗衣机	2300	12	27600	上半月	主城分部	电视机	4500	53	238500	上半月
涪陵分部	洗衣机	2300	11	25300	下半月	涪陵分部	电视机	4500	16	72000	上半月
合川分部	洗衣机	2300	10	23000	下半月	主城分部	电视机	4500	42	189000	下半月
主城分部	洗衣机	2300	45	103500	下半月						
涪陵分部	洗衣机	2300	11	25300	下半月						
丰都分部	洗衣机	2300	9	20700	下半月						

图4-55　高级筛选结果

⑤按销售时间段排序后,用分类汇总求出上半月和下半月的销售总额,结果如图4-56所示。

图4-56 按销售时间段分类汇总

实训4-4 制作饼图显示某商场10月份各商品的销售比率

【任务描述】

打开"10月份销售情况表"工作簿。

①分类汇总各商品的销售数量,如图4-57所示。

图4-57 ××公司10月份销售情况表

②然后提取出数据，如图4-58所示。

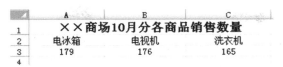

图4-58　××商场10月份各商品销售数量

③制作商品的独立式饼图，如图4-59所示。

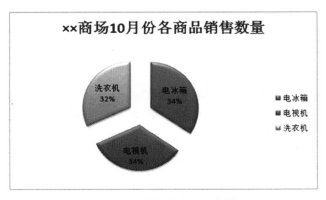

图4-59　10月份各类产品销售情况图

第五章　电子文稿软件 PowerPoint 的功能和使用

本章主要介绍电子文稿软件 PowerPoint 2007 的基本操作界面、概念和基本功能,包括 PowerPoint 2007 的启动与退出、演示文稿的创建、幻灯片的编辑和美化、母版的制作、自定义动画的插入、演示文稿的放映等内容。

知识目标

◆ 理解 PowerPoint 演示文稿、幻灯片、模板、母版等基本概念。
◆ 掌握 PowerPoint 2007 启动、退出和窗口组成等基本知识。
◆ 掌握动作按钮和超链接操作操作。
◆ 掌握声音、动画和视频的插入操作。
◆ 熟练掌握演示文稿的新建、打开和保存的操作。
◆ 熟练掌握幻灯片的插入、移动、删除操作。
◆ 熟练掌握幻灯片的编辑和美化操作。
◆ 熟练掌握演示文稿的放映设置操作。

能力目标

◆ 会构建演示文稿。
◆ 会对幻灯片进行编辑和美化。
◆ 会合理利用 SmartArt 图形来表达组织结构关系。
◆ 会对动作按钮和超链接进行设置。
◆ 会设置幻灯片的动画、背景音乐等。
◆ 会设置幻灯片的切换效果和演示文稿的播放效果。

任务一　制作"自我介绍"演示文稿

PowerPoint 2007 是 Office 2007 办公软件中的主要组件之一,能处理文字、图形、图像、声音、视频等多媒体信息,帮助用户创建一个图文并茂的演示文稿。PowerPoint 2007 主要用于演示文稿的制作,在演讲、教学、产品演示等方面得到广泛的应用。PowerPoint 2007 继承了以前版本的各种优势,且在功能上有了很大的提高,相对 PowerPoint 2003 增加了很多新的功能,如 SmartArt 图形、支持 Online、幻灯片的切换等。有了 Online 功能后,用户就可以自由地上传、下载进行资源的交流,同时又有更多的模板可供选择。

一、任务描述

小林刚到大学报到不久,看到电子信息工程学院的计算机协会在招人,顿时来了兴趣。协会贴出的招聘启事要求每位应聘者做 5 分钟的自我介绍,自我介绍可以借助其他媒体来辅助,使其更具有感官性。小林马上想到了使用 PowerPoint 2007 来制作一个自我介绍的演示文稿,通过思考,他列出了演示文案中需要展示的信息。

①在封面幻灯片(第 1 张)中加入自己的基本信息;

②在第 2 张幻灯片中插入一张自己的照片,并介绍自己的兴趣爱好;

③在第 3 张幻灯片中介绍自己的家乡;

④在第 4 张幻灯片中表达自己希望加入计算机协会的意愿。

自我介绍演示文稿的最终效果图如图 5-1 所示。

图 5-1　自我介绍 PPT

二、任务准备

1. **启动** PowerPoint

(1)启动 PowerPoint

启动 PowerPoint 程序最简单的方法是用鼠标单击任务栏上的"开始"菜单,选择"程序"→"Microsoft Office"→"PowerPoint 2007"命令。

(2)PowerPoint 的窗口组成

PowerPoint 的窗口界面与 Office 其他软件类似,可分为如下几个部分:标题栏、菜单栏、常用工具栏、状态栏、幻灯片编辑区、备注区等部分,如图 5-2 所示。

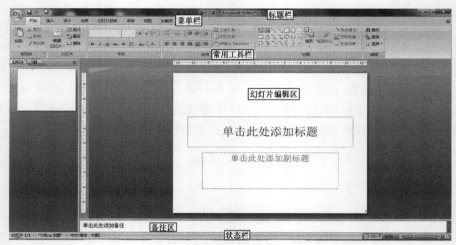

图 5-2 PowerPoint 窗口组成

● 菜单栏:菜单栏提供了窗口的所有菜单控制,如进行演示文稿的创建、演示、获得帮助信息等。

● 工具栏:PowerPoint 2007 工具栏与之前版本有较大区别,工具栏上显示的不再是固定的常用工具,而是显示了与之对应的菜单当中的信息,即当用户选择一种菜单时,下方工具栏中就自动显示该菜单当中的工具信息。

● 状态栏:状态栏位于程序窗口的底部,它显示出当前文档的部分属性或状态,如当前显示的幻灯片的序号和幻灯片总数及使用的模板等。

● 幻灯片编辑区:编辑区即 PowerPoint 文档区,显示 PowerPoint 文档的内容。编辑 PowerPoint 文档是通过对编辑区中内容进行操作完成的。当幻灯片有多个页面时,可以利用滚动条可以查看不同页面的内容,但编辑区只能显示当前页幻灯片。

图 5-3 "新建幻灯片"窗格

● 备注区:备注区是增加幻灯片的备注和补充内容,但在放映的时候是不显示的。

2.演示文稿的基本操作

(1)新建演示文稿

单击"开始"选项卡,在"幻灯片"选项组中,单击"新建幻灯片"命令,在弹出的"新建幻灯片版式"快捷菜单的"Office 主题"中,选择"空白"版式,如图 5-3 所示。

日积月累

用户可通从"版式"下拉菜单中选择修改幻灯片为其他版式。

（2）插入一张新幻灯片

插入一张新幻灯片的办法与新建幻灯片的方法一样，单击"开始"选项卡，在"幻灯片"选项组中，单击"新建幻灯片"命令，即可在选中的幻灯片后插入一张新的幻灯片。

（3）保存演示文稿

新建一个演示文稿后的第一步操作就是保存（为了防止意外情况，建议边做边保存）。

依次选择"Office 按钮"→"保存"命令，将出现以下"另存为"对话框，在对话框左边选择保存位置，在"文件名"后输入演示文稿的名字为"个人简介"，然后单击"保存"按钮。还可以采用快捷键"Ctrl＋S"打开"另存为"对话框进行演示文稿的保存。

（4）关闭演示文稿

单击标题栏右侧的■■■按钮，即可关闭演示文稿。如果该演示文稿没有被保存，会出现提示保存的对话框。

三、任务实施

①选择"设计"→"主题"→"纸张"命令，然后在"单击此处添加主标题"和"单击此处添加副标题"出分别输入文字，效果如图5-4所示。

图5-4　为幻灯片添加主题

②插入一张新幻灯片，选择版式为"图片与标题"，如图5-5所示。

图 5-5 "图片与标题"版式幻灯片

③单击"单击图标添加图片",在"插入图片"对话框中选择要插入的图片(图片可在 "\素材\第 5 章\图片"文件夹中找到),单击"插入"按钮完成图片的插入;在文本框处,单 击输入个人基本信息,如图 5-6 所示。

图 5-6 插入图片和文本的幻灯片

图 5-7 插入剪贴画

④插入一张新幻灯片,选择版式为"标题和内容",在文本框内输入家乡介绍。然后选择"插入"→"剪贴画"命令,在右边"剪贴画"对话框"搜索文字"处输入"草原",单击"搜索"按钮,选择其中的一张剪贴画双击,调整好图片的大小和位置,如图5-7所示。

技高一筹

当所用计算机处于联网状态时,可搜索到来自MicroSoft Office官网的剪贴画。

⑤插入一张新幻灯片,选择版式为"空白",依次选择"插入"→"文本框"→"横排文本框"命令,在幻灯片处鼠标拖动创建一个横排文本框,在横排文本框内输入内容,然后添加艺术字,内容为"谢谢大家!",效果如图5-8所示。

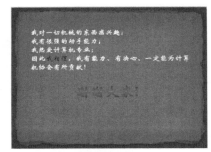

图5-8　插入艺术字

⑥选择"视图"→"幻灯片浏览"命令,可把幻灯片切换到浏览视图,这时可以看到整个演示文稿的情况,如图5-9所示。在此种视图下面便于幻灯片的移动和删除。

图5-9　幻灯片浏览视图

⑦单击"动画"选项卡,在"切换到此幻灯片"中选择切换方式为"随机"里的"随机切换效果",单击"全部应用"按钮,如图5-10所示。

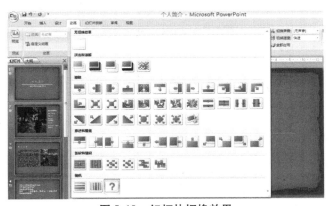

图5-10　幻灯片切换效果

任务二 制作"学校简介"演示文稿

展示宣传是我们生活中经常都需要做的事情,利用 PowerPoint 善于处理多媒体信息的功能来帮我们完成这项工作,无疑是一个不错的选择。

一、任务描述

小林应聘上计算机协会会员后,非常开心,有空余时间,他会在校园内到处逛逛。这时,他接到协会会长小强的电话,说希望他做一个"学校简介"的演示文稿,给新同学介绍一下美丽的校园。小林在头脑中勾画出有关学校简介的演示文稿,大致如图 5-11 所示。

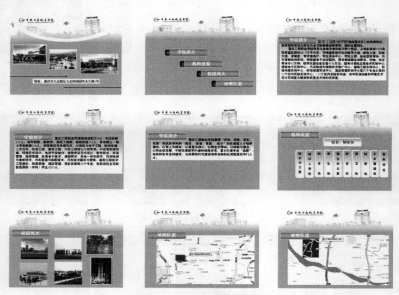

图 5-11 演示文稿效果图

二、任务准备

1. 设置配色方案

在前面制作的幻灯片当中,我们学习了如何制作简单的幻灯片,下面我们将一起学习如何更快、更方便的制作风格统一、美观大方的演示文稿。

在选择演示文稿的主题后,还可以对主题的颜色、字体效果进行自定义设置。单击"设计"按钮,在"主题"选项中选择"颜色"命

图 5-12 配色方案

令,就可以在出现的下拉菜单中选择配色方案,如图5-12所示。

参照上面的方法,还可以对幻灯片进行"字体""效果"的自定义设置。

2.设置幻灯片的背景

幻灯片背景的设置有很多,包括纯色、渐变、纹理和图片。根据不同的实际需求,设置背景的方式不一样,比如需要突出内容时,可以选择纯色或简单的渐变作为背景;如需要色彩亮丽时,则可以选择一些图片作为背景,下面以设置"图片或纹理填充"作为幻灯片背景为例,讲解幻灯片背景的设置方法。

①选择需要设置背景的幻灯片;

②选择"设计"→"背景"→"背景样式"命令,在下拉菜单中有12种直接显示的背景样式,选择其中一种,便可直接设置,如图5-13所示。

③还可以单击"设置背景格式"命令,打开"设置背景格式"对话框;选择"图片或纹理填充"命令,然后选择"纹理"下拉菜单中的纹理样式或者单击"文件"按钮,在"插入文件"对话框中选择背景图片,如图5-14所示。

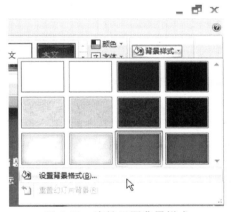

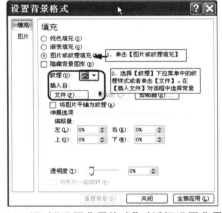

图5-13　直接设置背景样式　　图5-14　通过"设置背景格式"对话框设置背景样式

④可以进行"偏移量""透明度"等的设置,最后单击"关闭"按钮完成一张幻灯片背景的设置,单击"全部应用"按钮完成所有幻灯片背景的设置。

3.设置自定义动画效果

在PowerPoint中可以通过自定义动画功能设置幻灯片中各元素更丰富的动画效果。选择"动画"→"自定义动画"命令,打开"自定义动画"任务窗格。在"自定义动画"任务窗格中单击"添加效果"按钮可以设置各元素的进入、强调、退出和动作路径4组动画效果,如图5-15所示。

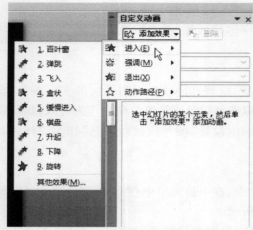
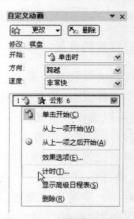

图 5-15　"添加效果"下拉式按钮　　　　图 5-16　设置动画效果

- "进入"动画效果组:用于设置各元素进入幻灯片时的动画效果。
- "强调"动画效果组:用于设置已经出现在幻灯片中的元素的强调或突出的动画效果。
- "退出"动画效果组:用于设置各元素退出或离开幻灯片的动画效果。
- "动作路径"动画效果组:用于设置各元素在幻灯片中的活动路线,让元素的运动路径更加多样化,满足特殊的动画路径要求。

添加好的动画效果将出现在"自定义动画"任务窗格的动画列表中,如图 5-16 所示。用户可以单击"开始"下拉式按钮,从弹出的列表框中选择出现效果的时间。PowerPoint 2007 中为动画效果提供了 3 种基本类型的开始时间,分别为:"单击时""之前"和"之后"。

- "单击时":表示通过鼠标单击可触发动画事件,动画列表项目前会有一个鼠标的图样,并标有表示触发先后顺序的 1,2,3…数字序列。
- "之前":表示在上一个动画事件被触发的同时自动触发当前动画事件。
- "之后":表示在上一个动画事件播放完后自动触发当前动画事件,动画列表项目前会有一个时钟的图样。而且,在动画列表项目右边的下拉菜单中选择"计时"命令,在弹出的对话框中还能设置上述 3 种开始时间的延时,精度可达到 0.5 s。另外,单击"方向"下拉式按钮,可从弹出的列表框中选择对象出现的位置。单击"速度"下拉式按钮,可从弹出的列表框中选择对象一种效果出现的速度。

用户可以通过单击动画列表中各动画效果的下拉式按钮,从弹出的列表框中选择"效果选项"命令,进一步对动画方向、播放时的声音、动画播放后的动作等进行设置。

在 PowerPoint 2007 中,一个元素可以添加多个动画效果,如何确定哪个动画先播,哪个动画后播,用户可以通过"自定义动画"任务窗格下方的"重新排序" ⬆ 重新排序 ⬇ 的向上箭头或向下箭头来进行调整。

4. 幻灯片切换

设定幻灯片的切换方式,也就是控制幻灯片如何移入或移出屏幕的切换效果,可选择"动画"→"切换到此幻灯片"命令来实现,有几十种切换效果可供选用。幻灯片切换的方式、速度和声音设置方法如下。

- "换片方式"：可设置单击鼠标换片，也可设置每隔指定时间自动换片，系统默认是"单击鼠标时"换片。
- "切换速度"：可设置切换速度快慢，有"慢速""中速"和"快速"3个选项。
- "切换声音"：可对幻灯片切换时的声音进行设置。

单击"全部应用"命令按钮，则设置作用于演示文稿的全部幻灯片，否则仅作用于所选幻灯片。

5. 为幻灯片加入声音或影片

为了使幻灯片更加活泼、生动，还可以在幻灯片中插入影片和声音。

选择"插入"→"声音"→"文件中的声音"命令，打开"插入声音"对话框，在对话框中找到声音文件保存的位置，然后选中它并单击"确定"按钮。这里系统提示"是否需要在幻灯片放映时自动播放声音"，单击"是"按钮确认。插入的声音在放映幻灯片时会自动播放，如果想在放映之前先听一下，可以双击一下小喇叭状 🔊 图标试听。

技高一筹

快速地将同样的音乐插入到不同幻灯片中：

①单击已经插入"声音"的幻灯片A。

②单击选中小喇叭图标，右键单击，在弹出的菜单中选择"复制"命令。

③切换到想插入该"声音"的幻灯片B，在幻灯片B上右键单击，选择"粘贴"命令。

④这样，声音就快速地插入到幻灯片B中了。

同样的方法可以讲"声音"复制到其他幻灯片当中。

也可以把自己的声音加到文稿里。插入的声音可以是Office 2007剪辑库中提供的现成文件，也可以是用户自己创建的声音文件，只要是PowerPoint支持的格式就行。比如.WAV格式的声音、MID格式的声音文件、CD音乐和.AVI格式的影片文件。

插入影片和插入声音操作是非常相似的，选择"插入"→"影片"→"文件中的影片"命令，在弹出的"插入影片"对话框中找到一个电影文件，选定一个影片之后单击"确定"按钮。系统提示"是否需要在幻灯片放映时自动播放影片"，单击"是"按钮确认。最后可以双击影片播放。

6. 为幻灯片录制旁白

对于一些幻灯片，我们希望它自动播放，并在播放上加上旁白作为描述。要插入旁白，首先需要制作旁白，下面就来介绍如何录制旁白。

技高一筹

录制旁白前，请确认麦克风或则话筒已经连接到电脑上，并做好相关的设置。

---

①打开需要录制旁白的演示文稿。

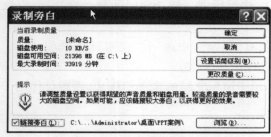
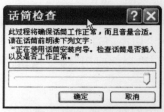

图 5-17　录制旁白对话框　　　　　图 5-18　话筒检查

②放映需要插入旁白的幻灯片,例如"学校介绍"演示文稿从第二张幻灯片才开始需要旁白介绍,就切换到第 2 张幻灯片。

③选择"幻灯片放映"→"设置"→"录制旁白"命令。

④在弹出的"录制旁白"对话框中,如果勾选"链接旁白",则在录制完成后,在后面的目录中会出现一个声音文件;如果不勾选,则没有这个文件,如图 5-17 所示。

⑤单击"设置话筒级别"按钮,在弹出的"话筒检查"对话框中,朗读对话中给出的内容,让系统自动检查并调整话筒的音量,如图 5-18 所示,然后单击"确定"按钮。

⑥单击"录制旁白"对话框中的"确定"按钮,在弹出的如图 5-19 所示的对话框中,单击"当前幻灯片"按钮则旁白从当前幻灯片开始;如果单击"第一张幻灯片"按钮则旁白从第一张幻灯片开始。

⑦此时开始幻灯片的放映,用户可以在幻灯片放映过程中,通过话筒录制旁白。

⑧当录制完毕后,按下"Esc"键时,会出现一个如图 5-20 所示的对话框,单击"不保存"按钮,此时,在幻灯片的右下角出现一个声音图标,表明旁白已经加入幻灯片中。

图 5-19　录制旁白起始点　　　　　图 5-20　旁白保存对话框

7.设置放映方式

图 5-21　"设置放映方式"对话框

选择菜单"幻灯片放映"→"设置幻灯片放映"命令,可设置放映类型、幻灯片范围和换片方式等,如图5-21所示。

（1）放映类型

●演讲者放映（全屏幕）：这是常规的全屏幻灯片放映方式。可以用人工控制或使用"幻灯片放映"→"排练计时"命令设置时间来控制换片和动画。

●观众自行浏览（窗口）：在标准窗口中观看放映,包含自定义菜单和命令,便于观众自己浏览演示文稿。

●在展台浏览（全屏幕）：自动全屏放映,而且5 min没有用户指令后会重新开始。观众可以更换幻灯片,或选择超级链接和动作按钮,但不能更换演示文稿。如果选择此选项,PowerPoint会自动选中"循环放映,按Esc键终止"复选框。

（2）放映选项

●循环放映,按Esc键终止：循环放映幻灯片,直到按下Esc键终止幻灯片放映。如果选定右边的"在展台浏览（全屏幕）"复选框,只能放映当前幻灯片。

●放映时不加旁白：观看放映时,不播放任何声音旁白。

●放映时不加动画：显示每张幻灯片,不带动画。例如,每个项目符号不会变暗,而且飞入的对象都直接出现在最后的位置。

（3）放映幻灯片

●全部：播放所有幻灯片。当选定此项时,将从当前幻灯片开始放映。

●从……到……：在幻灯片放映时,只播放在"从"和"到"框中输入的幻灯片范围。而且是从低到高播放该范围内所有幻灯片。如输入从2到7,则播放时从第2张幻灯片开始播放,一直到第7张,第1张和第7张以后的幻灯片不放映。

●自定义放映：运行在列表中选定的自定义放映（演示文稿中的子演示文稿）。

（4）换片方式

●人工：放映时换片的条件是：单击鼠标；或每隔数秒自动播放；或者单击右键,再单击快捷菜单中的"前一张""下一张"或"定位"命令。此时PowerPoint会忽略默认的排练时间,但不会删除。

●排练计时：使用预设的排练时间自动放映。如果幻灯片没有预设的排练时间,则仍然必须人工换片。

（5）绘图笔颜色

为放映时添加标注选择颜色。在放映幻灯片时,右击鼠标,在弹出的快捷菜单中选择"指针选项"命令,可选择绘图笔的笔型和颜色。选择完后,便可在幻灯片放映过程中添加注释。添加完注释后,可按Esc键退出注释操作,鼠标恢复正常形状。若要删除注释,可在弹出的快捷菜单中选择"指针选项"→"橡皮擦"命令或"擦除幻灯片上的所有墨迹"命令。

三、任务实施

1.设计"学校简介"演示文稿的首页

①在"幻灯片"区域单击选中新建的第一张空白版式的幻灯片，单击"设计"选项卡，在"背景"工具栏里单击"背景样式"的下拉列表，单击"设背景格式"，打开"设背景格式"对话框。按照如图5-22所示设置背景色为浅黄色，并单击"全部应用"，使之达到每张幻灯片都具有相同的背景颜色。

图5-22 "设置背景色"

图5-23 "插入图片素材"

日积月累

单击"全部应用"按钮，使得后面新建的所有幻灯片都是同一个背景格式，如果单击"关闭"按钮，则背景只应用于选定的当前幻灯片。

②单击"插入"选项卡，选择"插图"选项组里的"图片"选项，在弹出的"插入图片"对话框中选择事先准备好的图片素材插入到封面中，如图5-23所示，然后调整图片的位置和大小，使之呈现出如图5-24所示效果。

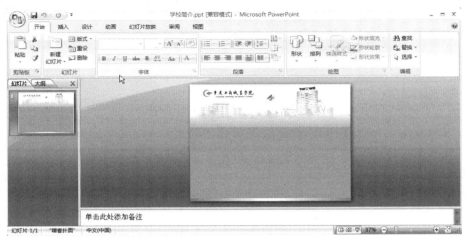

图 5-24 封面抬头效果

③插入封面图片。单击"插入"选项卡,选择"插图"选项组里的"图片"选项,在弹出的"插入图片"对话框中选择事先准备好的封面图片素材插入到封面中(图片可在"\素材\第5 章\图片"文件夹中寻找),调整图片的位置,如图 5-25 所示。

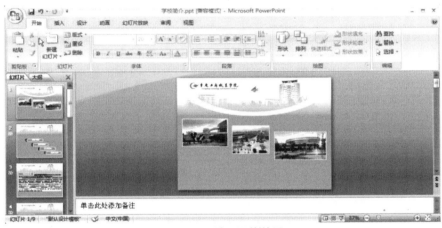

图 5-25 封面图片效果

图 5-26 插入文本框并设置为白色

④插入文本框。单击"插入"选项卡，选择"文本"选项组里的"文本框"按钮下拉菜单中的"横排文本框"选项，待鼠标变成时，在封面的正下方绘制横向文本框，并添加文字内容，并填充为白色，如图5-26所示。

日积月累

　　鼠标右键单击"文本框"对象，在弹出的快捷菜单中单击"设置形状格式"，也可打开"设置形状格式"对话框，设置文本框的格式。

图5-27　设置"箭头"的形状格式

⑤绘制箭头。单击"插入"选项卡，选择"插图"选项组里的"形状"，在下拉菜单中选择"箭头"。使用同样的方法打开"箭头"对象的"设置形状格式"对话框，设置"线型"格式如图5-27所示。然后复制一个同样的"箭头"图案，用鼠标拖动移动至封面的右下脚，使之成为如图5-28所示效果。

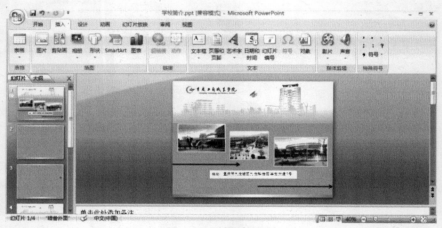

图5-28　封面效果图

2. 制作目录幻灯片

①插入新幻灯片。选择"开始"→"新建幻灯片"命令，选择一张"空白"版式的幻灯片。或者单击"新建幻灯片"下方的"复制所选幻灯片"命令，这是产生一个跟第一张幻灯片一样的一张新的幻灯片。

②绘制文本框。选择"插入"→"文本框"命令，在第二页中绘制大小合适的文本框。

图 5-29　组合文本框

③绘制五角星。选择"开始"→"绘图"命令,在文本框前方绘制大小合适的五角星。

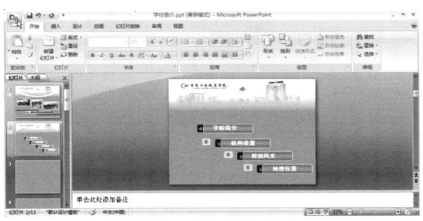

图 5-30　目录设置效果图

④合并文本框和五角星。鼠标单击选中五角星,再按住"Ctrl"键选中文本框,单击鼠标右键选择"组合"命令,实现文本框和五角星组合成一个整体,如图 5-29 所示。

⑤复制文本框。复制组合后的文本框,再粘贴 3 次,调整各文本框的位置,并分别添加文字内容,如图 5-30 所示。

3. 制作学院简介

①插入第三张幻灯片。选中第二页中学院简介文本框,粘贴到第三页中,如图 5-31 所示。

②绘制矩形文本框,输入学院简介文字内容,如图 5-33 所示。

图 5-31　复制文本框　　　　　　　　　　　图 5-32　渐变效果填充

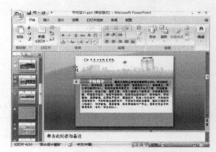

图 5-33　输入文字后的效果图　　　　　　图 5-34　第 4 页效果图

③制作渐变效果，选中输入学院简介内容的文本框，单击鼠标右键，选中"设置背景格式"选项，在弹出的"设置背景格式"→"填充"→"渐变填充"效果，如图 5-32 所示。完成第 3 页效果图制作，如图 5-33 所示。

④复制第 3 页内容，继续输入学院简介文字内容，完成第 4 页，第 5 页制作。如图 5-34、图 5-35 所示，完成学院简介部分制作。

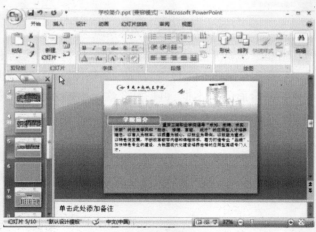

图 5-35　第 5 页效果图

4. 制作机构设置

①插入第 6 张幻灯片，复制第 2 页中机构设置文本框，粘贴到第 6 页，如图 5-36 所示。

图 5-36　第 6 页效果图

②组织结构图设计,在 PowerPoint 2007 中,用户可以利用"插入"→"SmartArt 图形"命令,在弹出的"选择 SmartArt 图形"中选择"层次结构","层次结构"类似于 Office 2003 中的组织结构图,如图 5-37 所示。

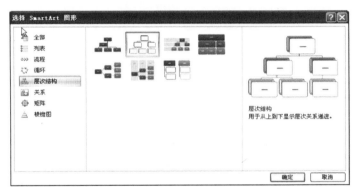

图 5-37　"选择 SmartArt 图形"对话框

③选择"层次结构"中的下属,根据实际需要进行删除或者添加文本框数量,添加文字内容,如图 5-38 所示。

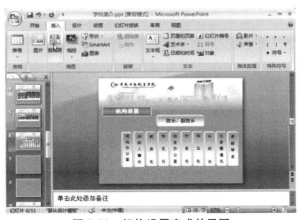

图 5-38　机构设置完成效果图

5. 制作校园风光

①插入第 7 张幻灯片，复制第二页中校园风光文本框，粘贴到第 7 页。

②选择"插入"→"图片"命令，在弹出"插入图片"对话框中选择图片素材保存的路径（图片可在"素材\第 5 章\图片"文件夹中找到），将图片素材插入到幻灯片中，如图 5-39 所示。

图 5-39　校园风光效果图

6. 制作学校地理位置

制作学校地理位置方法和制作校园风光一样，这里不再一一阐述。

7. 设置超级链接

①选中第二页中"学院简介"文本框，选择"插入"→"链接"→"超链接"命令，在弹出"动作设置"对话框中选择"超链接到"下拉列表中选择"幻灯片"选项，如图 5-40 所示。

图 5-40　"动作设置"对话框

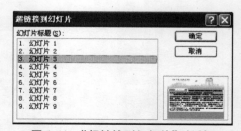

图 5-41　"超链接到幻灯片"对话框

②在弹出的"超链接到幻灯片"对话框的"幻灯片标题"选项中选择"3. 幻灯片 3"，即

"学院简介"内容,然后单击"确定"按钮,如图 5-41 所示。

③重复第①~②步的操作,依次完成"机构设置""校园风光""地理位置"的超链接设置。

8. 设置动画效果

选中第三页中带有正文内容的"学院简介"文本框,选择"动画"→"自定义动画"命令,如图 5-42 所示,在弹出"自定义动画"对话框中选择"添加效果"→"添加进入效果"命令,然后单击"淡出式回旋"选项,单击"确定"按钮,如图 5-43 所示。

图 5-42 "自定义动画"对话框

图 5-43 "添加进入效果"对话框

9. 放映幻灯片

幻灯片的制作工作完成后,就可以通过放映幻灯片来欣赏一下自己的劳动成果了,有如下两种方式可以实现幻灯片的放映。

- 选择"幻灯片放映"菜单中的"从头开始"命令。
- 直接按快捷键"F5"。

采用以上两种方法播放幻灯片时,将不管光标停在哪张幻灯片,都从第一张幻灯片开始播放。若要从光标所在的幻灯片开始播放,应选择"幻灯片放映"菜单中的"从当前幻灯片开始"命令。

启动幻灯片放映后,可以用以下方法实现各幻灯片之间的切换:

- 利用键盘上的"Page Up"键和"Page Down"键、或者上下左右光标键。
- 单击鼠标切换到下一张幻灯片。
- 在放映的幻灯片上的任意位置单击右键,在弹出的快捷菜单中利用"上一张"或"下一张"命令进行切换。

播放完所有的幻灯片后,又回到 PowerPoint 2007 主界面。如果要中途结束放映,可以直接按键盘上的 Esc 键,或者在放映机的幻灯片上的任意位置单击右键,在弹出的快捷菜单中选择"结束放映"命令,如图5-44所示。

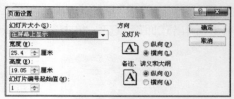

图5-44　幻灯片放映时的快捷菜单　　　　图5-45　"页面设置"对话框

10. 演示文稿的打印

完成演示文稿的编辑后,可以将幻灯片打印出来,一方面可发放给观众,另一方面也可以自己保存。在打印之前,需要对页面设置和打印参数进行设置,具体操作如下。

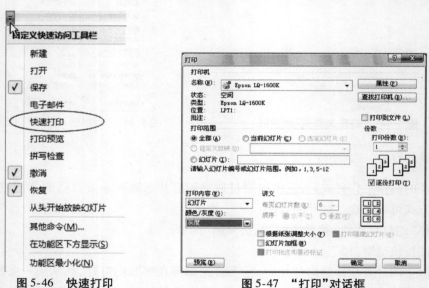

图5-46　快速打印　　　　　　　　　图5-47　"打印"对话框

①页面设置。选择"设计"→"页面设置"命令,在弹出的"页面设置"对话框中可以根据打印的需求设置幻灯片大小、纸张的宽度和高度、打印方向、幻灯片编号等,如图5-45所示。

②页面设置完成后,可以选择"Office"→"打印"→"快速打印"命令,如图5-46所示。

③在弹出"打印"对话框中,可以设置打印的名称、打印范围、打印内容、份数和颜色/灰度等项目。单击"确定"按钮,完成打印工作,如图5-47所示。

本章小结

PowerPoint 是最为常用的多媒体演示软件,在学习和工作的各个领域都有着广泛的应用,它可以把文字、图表、动画、声音、影片等多媒体信息整合在一起,借助数字时代的多媒体放映工具,表达自己的想法或战略、促进交流、宣传文化和传授知识等。本章通过相关任务主要介绍了 PowerPoint 软件的以下功能:

(1)PowerPoint 2007 的基本功能、运行环境、启动、退出和窗口组成等知识;

(2)演示文稿的创建、保存和打开;

(3)设计模板、母版的基本概念和应用;

(4)幻灯片组成元素的添加和属性设置;

(5)幻灯片的插入、复制、删除和移动操作;

(6)幻灯片的背景设置;

(7)动作按钮和超链接设置;

(8)动画方案和自定义动画操作;

(9)幻灯片的切换方式设置;

(10)幻灯片的排练计时操作;

(11)幻灯片的放映设置和放映操作。

希望读者能够综合运用所学的操作,在实际应用中全面提高对 PowerPoint 2007 的应用能力。

习题 5

一、单项选择题

(1)PowerPoint 2007 演示文稿储存以后,默认的文件扩展名是(　　　)。

　　A. PPT　　　　　　　B. EXE　　　　　　　C. BAT　　　　　　　D. PPTX

(2)"PowerPoint 视图"这个名词表示(　　　)。

　　A. 一种图形　　　　　　　　　　B. 显示幻灯片的方式

　　C. 编辑演示文稿的方式　　　　　　D. 一张正在修改的幻灯片

(3)在(　　　)方式下能实现在一屏显示多张幻灯片。

　　A. 幻灯片视图　　　　　　　　　　B. 大纲视图

　　C. 幻灯片浏览视图　　　　　　　　D. 备注页视图

(4)在(　　　)中有幻灯片的 3 个视图切换按钮。

　　A. 状态栏　　　　B. 标题栏　　　　C. 菜单栏　　　　D. 工具栏

(5)可以在备注中显示图片对象的幻灯片视图是(　　　)。

　　A. 普通视图　　　B. 大纲视图　　　C. 备注页视图　　　D. 幻灯片浏览视图

(6)PowerPoint 的母版有(　　　)种类型。

A.3   B.4   C.5   D.6

(7) PowerPoint 的"设计模板"包含(   )。

     A. 预定义的幻灯片版式   B. 预定义的幻灯片背景颜色

     C. 预定义的幻灯片配色方案   D. 预定义的幻灯片样式和配色方案

(8) 如果将演示文稿置于另一台不带 PowerPoint 系统的计算机上放映,那么应该对演示文稿进行(   )。

     A. 复制   B. 打包   C. 移动   D. 打印

(9) 在 PowerPoint 2007 程序中,用户可以通过按 Ctrl 和(   )键来新建一个 Power-Point 演示文稿;按 Ctrl 和(   )键来添加新幻灯片。

     A. S   B. M   C. N   D. O

(10) 幻灯片可以设置(   )所列的背景。

     ①纯色   ②图片   ③纹理   ④音乐   ⑤影片   ⑥渐变

     A. ①②③⑥   B. ①③④⑤

     C. ①②③⑤   D. ①②③④⑤⑥

(11) 插入的影片(   )通过鼠标可以自由控制播放。

     A. 可以   B. 不可以

(12) 自定义动画中,有(   )所列的效果。

     ①进入   ②退出   ③强调   ④动作途径   ⑤影片操作

     A. ①②③④   B. ①③④⑤

     C. ①②③⑤   D. ①②③④⑤

(13) 放映幻灯片有(   )种模式。

     A.2   B.3   C.4   D.5

(14) 下列(   )选项不可以添加幻灯片的切换效果。

     A. 超链接   B. 动作按钮   C. 动画   D. 自定义放映

(15) 演示文稿打包时,不可以设置(   )参数。

     A. 包含链接的文件   B. 包含链接嵌入的 TrueType 字体

     C. 密码   D. 动画

二、多项选择题

(1) 幻灯片中可以包含(   )。

     A. 文字   B. 声音   C. 图片   D. 图表

(2) PowerPoint 的视图有(   )。

     A. 页面视图   B. 幻灯片浏览视图

     C. 幻灯片视图   D. 大纲视图

(3) (   )是 PowerPoint 中提供的母板。

     A. 讲义母板   B. 配色母板   C. 设计模板   D. 备注母板

(4) 在 PowerPoint 的演示文稿中可以插入的对象有(   )。

     A. Microsoft Word 文档   B. Microsoft Office

     C. Microsoft Excel 工作表   D. Microsoft Equation

（5）（　　）可以退出幻灯片的演示状态。

    A. 按"Del"键   B. 按"Esc"键

    C. 按"Break"键   D. 选择快捷菜单的结束放映

（6）在 PowerPoint 中，选择"幻灯片放映→预设动画"命令可以进行（　　）等动画设置。

    A. 飞入   B. 闪烁一次   C. 驶出   D. 打字机

（7）在 PowePoint 中，选择"幻灯片放映→幻灯片切换"命令，在弹出的"幻灯片切换"对话框中可以设置（　　）。

    A. 对齐方式   B. 效果   C. 换页方式   D. 声音

（8）在 PowerPoint 中放映幻灯片时，可通过单击鼠标（　　）来播放下一张幻灯片。

    A. 右键或按左箭头键   B. 左键或用快捷菜单

    C. 右键或按右箭头键   D. 左键或按右箭头键

（9）在 PowerPoint 中如何设定动画？（　　）

    A. 用鼠标绘制动画路径   B. 通过工具栏中的自定义动画设定

    C. 不支持   D. 右击鼠标选择自定义动画

（10）在 PowerPoint 启动幻灯片放映的操作中，正确的是（　　）。

    A. 单击演示文稿窗口左下角的"幻灯片放映"视图按钮

    B. 选择"幻灯片放映"菜单中的"观看放映"命令

    C. 选择"幻灯片放映"菜单中的"幻灯片放映"命令

    D. 按 F5 键

（11）PowerPoint 中，应用设计模板时，下列选项中正确的是（　　）。

    A. 单击菜单栏中的格式菜单进入

    B. 在格式菜单栏中选择应用模板设计

    C. 模板的内容要到导入之后才能看见

    D. 模板的选择是多样化的

（12）PowerPoint 中，下列有关选择幻灯片的文本叙述，正确的是（　　）。

    A. 单击文本区，会显示文本控制点

    B. 选择文本时，按住鼠标不放并拖动鼠标

    C. 文本选择成功后，所选幻灯片中的文本变成反白

    D. 文本不能重复选定

（13）下列有关插入图片的叙述，不正确的有（　　）。

    A. 插入的图片格式必须是 PowerPoint 所支持的图片格式

    B. 插入的图片来源不能是网络映射驱动器

    C. 图片插入完毕将无法修改

    D. 以上说法都不全正确

（14）下面的选项中，属于 PowerPoint 的窗口部分的是（　　）。

    A. 幻灯片区   B. 大纲区   C. 备注区   D. 播放区

三、填空题

（1）演示文稿幻灯片有_____、_____、_____、_____等视图。

（2）幻灯片的放映有_____种方法。

（3）将演示文稿打包的目的是_____。

（4）在幻灯片的视图中，向幻灯片插入图片，选择_____菜单的图片命令，然后选择相应的命令。

（5）在放映时，若要中途退出播放状态，应按_____功能键。

（6）在 PowerPoint 中，为每张幻灯片设置切换声音效果的方法是使用"幻灯片放映"菜单下的_____。

（7）用 PowerPoint 应用程序所创建的用于演示的文件称为_____，其扩展名为_____。

（8）PowerPoint 可利用模板来创建_____，它提供了两类模板，_____和_____。模板的扩展名为_____。

（9）创建动画效果要使用到的命令是_____。

（10）母版包括_____、_____、_____、_____。

四、判断题

（1）通过幻灯片切换任务窗格不可以更改幻灯片的换片方式。　　　　　（　　）

（2）自定义动画功能不能给文字添加动画效果。　　　　　　　　　　　（　　）

（3）使用自定义动画任务窗格可以随意更改各动画效果的播放顺序。　　（　　）

（4）在 PowerPoint 2007 中，可以通过超链接技术建立一个新文档。　　（　　）

（5）如果幻灯片没有插入声音，则不能放映。　　　　　　　　　　　　（　　）

（6）在 PowerPoint 中插入的图表只能是直方图。　　　　　　　　　　（　　）

（7）可以利用自定义放映对演示文稿进行组织，以满足不同时间或场合的放映需要。　　　　　　　　　　　　　　　　　　　　　　　　　　　　（　　）

（8）在幻灯片放映时使用"Ctrl + P"组合键可以调出绘图笔。　　　　　（　　）

（9）如果将幻灯片切换任务窗格中的换片方式两个选项同时选中，则早发生的起作用。　　　　　　　　　　　　　　　　　　　　　　　　　　　　　（　　）

（10）使用动作按钮可以在幻灯片放映时打开一个程序。　　　　　　　（　　）

实训 5-1　PowerPoint 2007 基本操作

【任务描述】

何琴快毕业了,准备找工作,她要利用 PowerPoint 软件制作一个自我介绍的演示文稿,以便在应聘时助他一臂之力。她的演示文稿设计思路如图 5-48 所示。

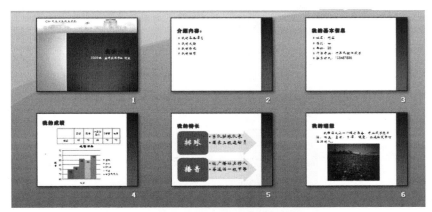

图 5-48　自我介绍演示文稿效果图

【任务要求】

①应用"华丽. pot"设计模板(或其他设计模板)新建演示文稿"自我介绍. ppt"。

②在首页添加主标题"自我介绍"、副标题"2009 级　软件技术专业 何琴",并加入一张人物剪贴画。

③插入第 2 张幻灯片,版式为"标题和内容",插入文本框,并在标题中输入"介绍内容",在内容中输入:

◆　我的基本信息

◆　我的成绩

◆　我的特长

◆　我的理想

注意利用项目符号。

④插入第 3 张幻灯片,标题为"我的基本信息",在文本框中输入自己的基本信息。

⑤插入第 4 张幻灯片,版式为"标题和表格",标题为"我的成绩",表格数据如下:

科目	高数	英语	计算机文化	C 语言	体育
成绩	65	78	68	75	70

并插入成绩的柱形图如下:

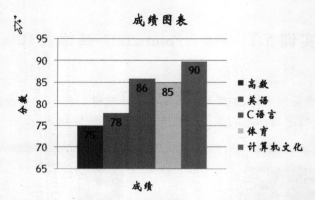

⑥插入第 5 张幻灯片,版式为"标题和内容",标题为"我的特长",图表类型为"SmartArt 图",样式如下:

⑦插入第 6 张幻灯片,版式为"标题内容",标题为"我的理想",在内容文本框中输入文字,并插入一张图片。

⑧创建超链接。分别为第 2 张幻灯片文本框中的各个文本创建对应的超链接,使之链接到对应的幻灯片。

⑨为第 3 张至第 6 张幻灯片的右下角添加一个"自定义"动作按钮返回,并设置好相应的格式。

⑩为幻灯片插入一个合适的背景音乐,从第一张一直播放到最后一张。

⑪选择一个合适的动画方案,然后播放幻灯片,观看幻灯片的放映效果。

实训 4-2　制作三亚风景宣传演示文稿

【实训描述】

毕业旅行时,小林去了三亚玩,回来后想把自己的旅游攻略发布在网上,因此他设计了一个"三亚风景介绍"的演示文稿,希望能够给准备去三亚旅游的人一些帮助。演示文稿的最终效果参考图 5-49。

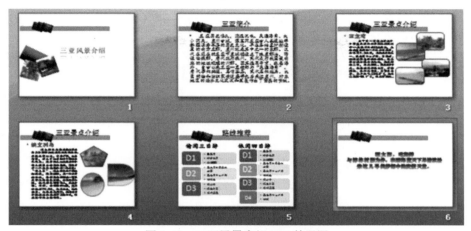

图 5-49　三亚风景介绍 PPT 效果图

【实训准备】

1. 幻灯片母版

母版是演示文稿中所有幻灯片或页面格式的底版,或者说是样式,它包含了所有幻灯片具有的公共属性和布局信息,当对母版进行改动时,会影响到相应视图中的每一张幻灯片、备注页或讲义部分。演示文稿中的母版有 4 种类型:幻灯片母版、标题母版、讲义母版和备注母版,分别用于控制一般幻灯片、标题幻灯片、讲义和备注的格式。

打开幻灯片母板的方法如下:

新建演示文稿,然后选择"视图"→"演示文稿视图"→"幻灯片母版"命令。

设计好的母版可以保存起来,以便下次使用,保存幻灯片母版的方法如下:

关闭"幻灯片母版"视图,选择"Office 按钮"→"另存为"命令,在"另存为"对话框中输入模版名称,在"保存类型"中选择 PowerPoint 模板(* . potx),如图 5-50 所示(选中保存类型的时候此时程序将打开默认的文件保存位置)。

关闭目前的 PPT 文档,然后新建一个新的演示文稿,单击"设计"选项卡,刚刚做好的模版文档已经出现在主题里。

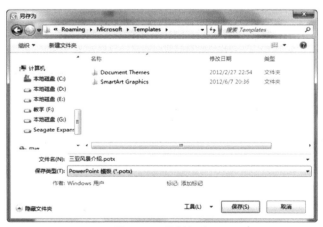

图 5-50　母版保存

2. 幻灯片的发布

幻灯片发布的方法如下：

选择"Office 按钮"→"发布"→"发布幻灯片"命令，单击"全选"按钮，选择发布位置文件夹，然后再单击"发布"按钮，等待幻灯片发布，如图 5-51 所示。

（a）发布幻灯片

（b）选择要发布的幻灯片

（c）幻灯片发布对话框

图 5-51　发布幻灯片

　　这时打开"我的幻灯片库",如图 5-52,可以看到幻灯片的 URL 地址,在 IE 地址栏中输入 URL 地址可以访问到幻灯片。

图 5-52　我的幻灯片库

【实训要求】

(1)新建名为"三亚风景介绍.ppt"的演示文稿。

(2)在母版中绘制一个矩形形条和插入 3 张图片,效果如图 5-53 和图 5-54 所示。

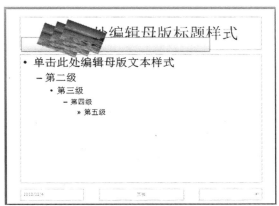

图 5-53　幻灯片母版效果图

图 5-54　标题母版效果图

（3）通过"幻灯片母版视图"工具栏中的"插入新标题母版"按钮，插入一个标题母版，并在标题母版中多添加三个图片，跟其他版式做区分，效果如图 5-54 所示。

（4）关闭母版视图，返回普通视图。在第 1 张幻灯片中添加艺术字"三亚风景介绍"，如图 5-55 所示；设置动画效果为"动作路径"的"绘制自定义路径"中的"曲线"，绘制一条从右下角到右中部的曲线路径。然后设置动画的"开始"为"之前"，"速度"为"中速"，延迟为"1 秒"。

图 5-55　封面

（5）插入第 2 张幻灯片，添加介绍文本，如图 5-56 所示。设置动画。文本框"进入"动画效果为"百叶窗"，"开始"为"之后"，"速度"为"非常慢"。

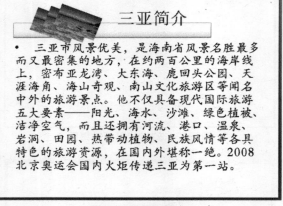

图 5-56　三亚简介

（6）插入第 3 张幻灯片，标题为"三亚景点介绍"，版式为"两栏内容"。在左边文本框中输入景点基本信息，右边插入景点图片，如图 5-57 所示。图片的填充在 4 个大小相同的矩形框中。设置文本框动画效果为"强调"的"彩色波纹"，"开始"为"之后"，"颜色"为"蓝色"，"速度"为"慢速"放。选中四个矩形框形设置"进入"动画效果"为"缩放"，"开始"为"之后"，"显示比例"为"内"，"速度"为"快速"。

图 5-57　天涯海角介绍

（7）插入第 4 张幻灯片片。版式如下所示，插入 3 个不同的图形，用图片进行填充，如图 5-58。

图 5-58　蜈支洲岛介绍

（8）插入第 5 张幻灯片，标题为"路线推荐"。采用"两栏内容"版式，作为两种路线的对比，如图 5-59 所示。

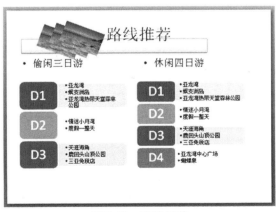

图 5-59　路线推荐

163

（9）插入第6张幻灯片，插入艺术字，内容如图5-60。文本框"进入"动画效果为"渐变"，"开始"为"之后"，"速度"为"非常慢"。

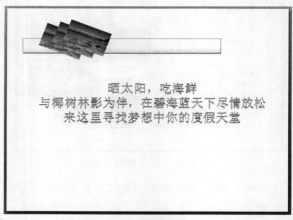

图5-60　宣传词

（10）设置第1张幻灯片的切换方式为"横向棋盘式"，"速度"为"快速"，"声音"为"激光"；设置第2张幻灯片的切换方式为"溶解"，"速度"为"中速"，"声音"为"风声"；设置第6张幻灯片的切换方式为"垂直梳理"，"速度"为"快速"，"声音"为"照相机"；其余幻灯片的切换方式为"随机"，"速度"为"快速"，"声音"为"无声音"。

（11）使用排练计时命令，对每张幻灯片的播放节奏进行控制，然后保存排练计时，播放并观看幻灯片的放映。

（12）将幻灯片发布到幻灯片库，名称为风景介绍。

第六章　数据库软件 Access 的使用

　　Microsoft Access 是美国微软公司开发的 Microsoft Office 套装办公软件中一个功能非常强大的数据库管理软件。Access 可以存储和检索信息,提供所需求的信息以及自动完成可重复执行的任务。

　　Access 的数据库关系效率高,能充分地利用 Microsoft Windows 的功能,并与其协调一致。它的功能强大、界面友好、效率高、扩展性强等特点吸引了广大的用户,是当今最流行的数据库软件之一,尤其在中小型数据库中得到了广泛的应用。本章主要介绍数据库系统、关系数据库及其基本操作与应用。

知识目标

◆　了解数据库及数据库系统的基本知识。
◆　熟悉关系数据模型。
◆　掌握数据库基本操作:建立数据库和数据表、数据查询。

能力目标

◆　会使用 Access 软件创建空白数据库并新建数据表。
◆　能够用特色联机模板创建数据库。
◆　能够用本地模板创建数据库。

任务一　创建学生信息数据库

一、任务描述

　　小王大学毕业,在某高校从事辅导员的工作。在日常的工作中,小王经常需要对班级同学的信息进行系统性地管理。他回想起在大学的时候老师讲过对数据进行表格式的存储可以用 Excel 或者是 Access 软件,但是如果当表之间有关联时最好是用专业的数据库软件 Access。于是他用 Access 进行学生信息的存储,如图 6-1 所示。

图 6-1　学生信息表

二、任务准备

数据库系统是指一个具体的数据库管理系统软件和用它建立起来的数据库。它是一门研究、开发、建立、维护和应用数据库系统所涉及的理论、方法、技术所构成的学科。在这一含义下,数据库系统是软件研究领域的一个重要分支,常称为数据库领域。数据库研究跨越计算机应用、系统软件和理论三个领域,其中应用促进新系统的研制开发,新系统带来新的理论研究,而理论研究又对前两个领域起着指导作用。数据库系统的出现是计算机应用的一个里程碑。它使得计算机应用从以科学计算为主转向以数据处理为主,从而使计算机得以在各行各业乃至家庭中普遍使用。

1.数据库的相关概念

从 20 世纪 60 年代末开始,数据库技术经历了网状数据库、层次数据库和关系数据库以及数据库管理系统(DBMS)阶段。至今,数据库技术的研究也不断取得进展。接下来介绍下跟数据库相关的主要概念。

（1）数据模型

在采用数据库进行数据管理之前,普遍使用的是文件来进行数据管理,相应的程序中既有数据的处理过程又有数据的结构描述,使程序过于依赖数据,一旦数据发生变化,相关程序不得不修改。数据库的出现改变了这一状况。在数据库系统中,数据的结构描述从程序中分离出来,形成数据模型,程序与数据有了较高的独立性,可以更好地共享数据,适应了大规模数据处理的要求。

传统的数据模型一般包括数据的概念模式、用户模式和存储模式。其中概念模式描述数据的全局逻辑结构,包括记录内部结构,记录间的联系,数据完整性约束等。用户模式针对用户需求描述了数据的局部逻辑结构;存储模式描述了数据的物理存储细节,包括设备信息,数据组织方式和索引等。

（2）数据库管理系统

数据库管理系统(Database Management System,DBMS)是一种操纵和管理数据库的大型软件,用于建立、使用和维护数据库,对数据库进行统一的管理和控制,以保证其安全性和完整性。用户通过 DBMS 访问其数据,数据库管理员也通过 DBMS 进行维护工作。他提供多种功能,可使多个应用程序和用户用不同的方法在任意时刻去建立、修改和询问数据库。

2. 关系数据库

（1）什么是关系

Access 创建的是关系数据库。这表示数据按照不同的主题或任务存储在各个独立的表中，并且数据可按照用户指定的方式进行关联和组合。

也就是说，学生信息数据库可能将学生基本信息学生成绩信息数据分开存储，也可以在需要时将数据库中所有这些信息组合在一起，如图 6-2 所示。

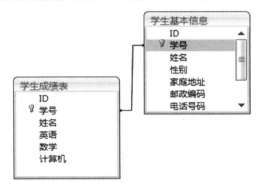

图 6-2　数据之间的关系

两组数据是关联的，因此，一组数据中的信息与另一组数据中的适用信息相关联。

（2）数据库中的对象

Access 数据库由对象组成，其中最重要的是以下 4 个对象：

- 表：用来组织和存储数据，将数据存储在行和列中。所有数据库都包含一个或多个表。
- 查询检索和处理数据：可以组合不同表中的数据，更新数据和针对数据进行计算。
- 窗体控制数据输入和数据视图：提供使数据便于处理的视觉提示。
- 报表汇总和打印数据：将表和查询中的数据转化为文档，以便进行交流。

（3）数据库中表的组成

每个表都包含称为记录的行和称为字段的列。

- 记录：是数据表中的某一行，是描述特定实体对象的信息集。
- 字段：是数据表中的某一列，是描述特定实体对象的某方面信息。

为了区分不同的记录，可以在表中包含一个主键字段。

- 主键：是每个记录的唯一标识符，如学号、产品编号或雇员 ID 等。主键应当是一些不经常更改的信息。

图6-3　Access 2007 启动图标

三、任务实施

1. 启动 Access 2007

在桌面选择如图 6-3 所示的图标进行启动。

启动后将打开 Access 2007 软件，如图 6-4 所示。

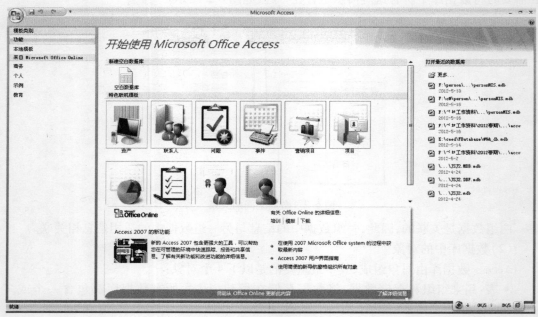

图 6-4　Access 2007 启动画面

2. 创建数据库

①在启动后 Access 2007 界面上，选择"空白数据库"，在右下角输入新建数据库的名，如"Students. accdb"，并选择保存的路径，如图 6-5 所示。

图 6-5　新建数据库

②然后单击"创建"按钮即可。数据库创建成功后,将出现如图 6-6 所示的界面。

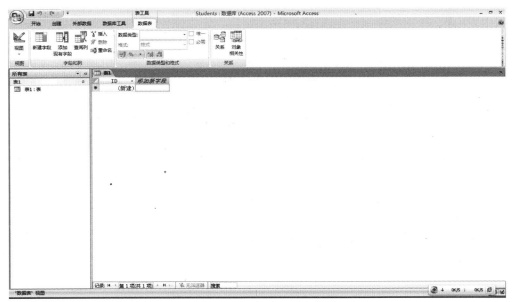

图 6-6　新建了一个空的数据库

3. 创建表

①单击"保存"按钮,弹出"另存为"的对话框,将其表 1 命名为"学生信息表",如图 6-7 所示。完成后单击"确定"按钮即可。

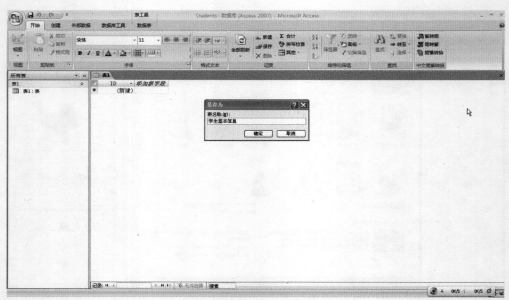

图 6-7　保存表 1 并为其命名

②选中"学生基本信息"表，单击鼠标右键在弹出的快捷菜单中选择"设计视图"命令，如图 6-8 所示，打开如图 6-9 所示的表设计界面。

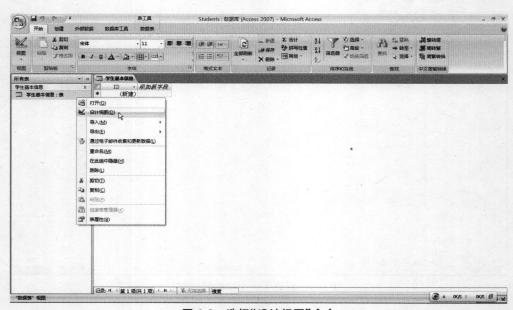

图 6-8　选择"设计视图"命令

图 6-9 表设计界面

③按照表 6-1 所提供的数据表信息,进行"学生基本信息"数据表的创建,如图 6-10 所示。

表 6-1 数据表信息

字段名	数据类型	字段大小
ID	自动编号	
学号	文本	12
姓名	文本	20
性别	文本	4
邮政编码	文本	6
电话号码	文本	8
主修	文本	20
班级	文本	20
出生日期	日期/时间	8
城市	文本	12

图 6-10 创建数据表

4. 修改表

（1）在表结构中插入字段

①选中"邮政编码"一行，单击鼠标右键，在弹出的快捷菜单中选择"插入行"命令，如图 6-11 所示。

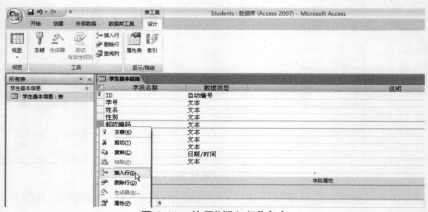

图 6-11　使用"插入行"命令

②此时将在"邮政编码"一行的上面出现了一个空白行，如图 6-12 所示。我们可以在这里为数据表添加字段，如图 6-13 所示。

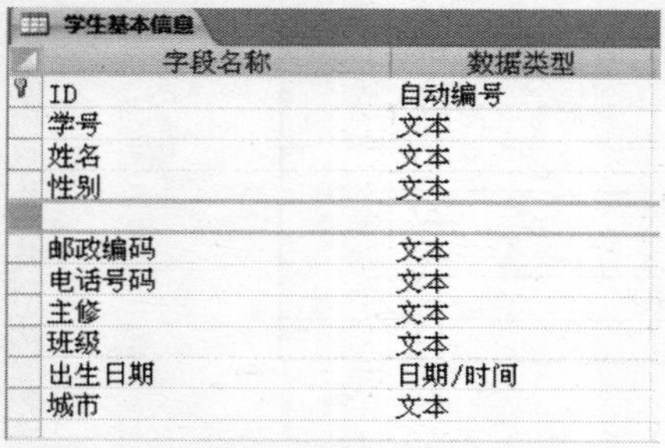

图 6-12　新增行　　　　　　　图 6-13　输新增行的信息

（2）删除表结构中的字段

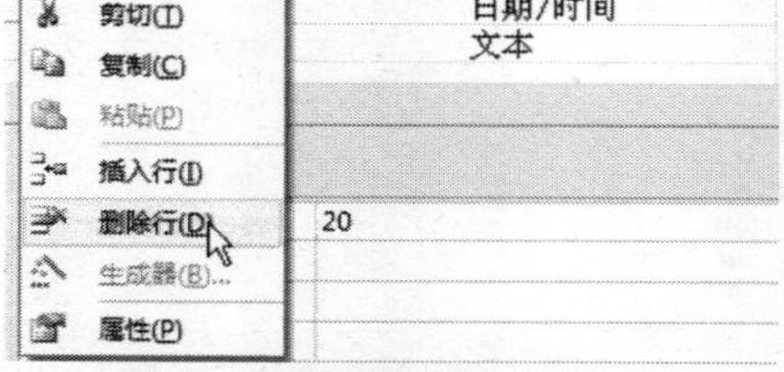

图 6-14　选择"删除行"命令

选中"主修"一行,单击鼠标右键,在弹出的快捷菜单中选择"删除行"命令,如图 6-14 所示,即可将"主修"字段删除掉,如图 6-15 所示。

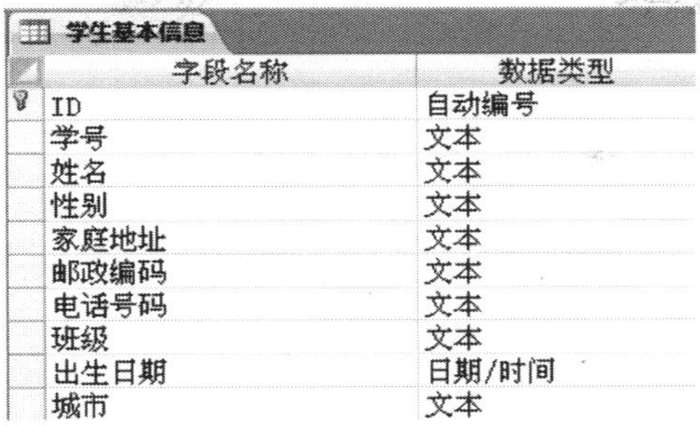

图 6-15　删除后的表结构

5. 设置主键

选中"学号"行,单击鼠标右键在弹出的快捷菜单中选择"主键"命令,如图 6-16 所示,将学号设为表的主键,如图 6-17 所示。

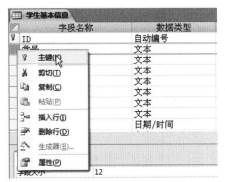

图 6-16　设置主键

图 6-17　主键设置完成

6. 录入表信息

双击左侧列表中的"学生基本信息"表或者选中"学生基本信息"表,单击鼠标右键在弹出的快捷菜单中选择"打开"命令,即可进行表信息的输入,如图 6-18 所示。

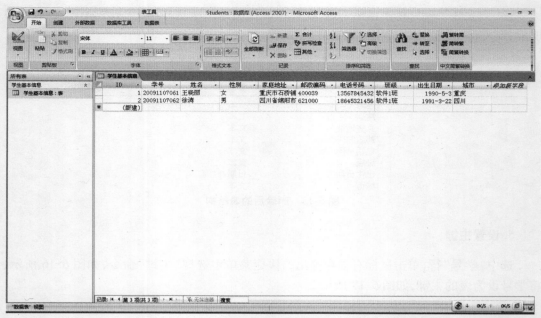

图6-18 输入表信息

7. 其他的表的建立

如同"学生基本信息表"一样,还可以创建"学生成绩信息表"等。

这样,一个简单的数据库就建立成功了。

任务二 创建教职员工数据库

一、任务描述

小张所在学院的领导给他布置了一个任务,让他统计该学院所有教职员工的相关信息。小张想到数据库软件 Access 中刚好有一个"教职员工"的模板,于是他准备采取这样的方式进行创建数据库,并保存各个教职员工的相关信息,如图6-19所示。

图6-19 教职员工数据库

二、任务实施

①选中"创建"菜单下的"特色联机模板",即可进行表的创建。这里我们选择"教职员工"模块,单击下载,如图 6-20 所示。

图 6-20 选择"教职员工"进行下载

下载完毕后会自动创建如图 6-21 所示的表。

图 6-21 教职员列表

②单击" ID ",弹出如图 6-22 所示"教职员工详细信息"对话框。

③输入相应的信息,如图 6-23 所示。

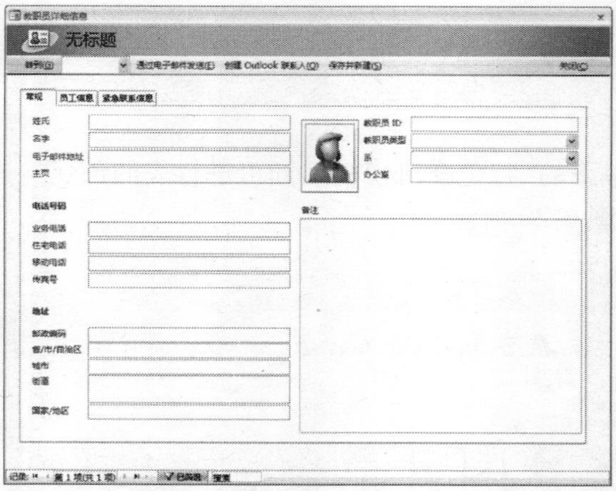

图 6-22　"教职员工详细信息"对话框

图 6-23　输入信息

单击右上角的"关闭"按钮,回到数据表的页面,如图 6-24 所示。

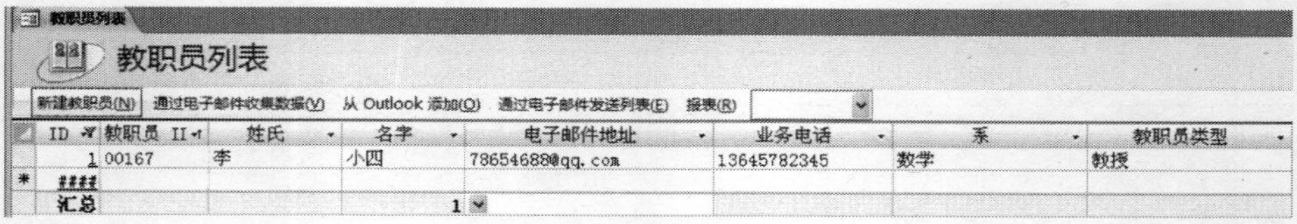

图 6-24　信息输入完毕

④若需继续添加,单击 ✳ ####即可。

日积月累

● 在填写完教师员工详细信息时(如图 6-23 所示),单击"保存与创建"按钮,将继续弹出如图 6-22 所示的对话框继续添加员工信息。

● 以上填写的都是常规信息,在图 6-22 的对话框中还可以填写"员工信息"和"紧急联系信息"。

本章小结

本章主要讲解了如何启动 Access 2007 软件。如何使用该软件进行数据库的创建、数据表的创建、数据表的修改，以及对表进行数据信息的添加等常规操作。

习题 6

一、单项选择题

(1)用 Access 2007 创建的数据库文件，其扩展名是(　　)。

A. adp　　B. dbf　　C. frm　　D. accdb

(2)下列关闭“Access”的方法，不正确的是(　　)。

A. 选择“文件”→“退出”命令。　　B. 使用“Alt + F4”快捷键。

C. 使用“Alt + F + X”快捷键。　　D. 使用“Ctrl + X”快捷键。

(3)Access 2007 中，在数据表中删除一条记录，被删除的记录(　　)。

A. 可以恢复

B. 能恢复，但将被恢复为最后一条记录

C. 能恢复，但将被恢复为第一条记录

D. 不能恢复

(4)二维表由行和列组成，每一行表示关系的一个(　　)。

A. 属性　　B. 字段　　C. 集合　　D. 记录

二、填空题

(1)在 Access 数据库表中，表中的每一列代表________，即一个信息的类别；表中的每一行就是________，存放表中一个项目的所有信息。

(2)在关系模型中，把数据看成一个二维表，每一个二维表称为一个__________。

(3)关系数据库中，唯一标识一条记录的一个或多个字段称为__________。

实训　使用本地模板创建联系人数据库

【实训内容】

使用本地模板创建联系人数据库，如图 6-25 所示。

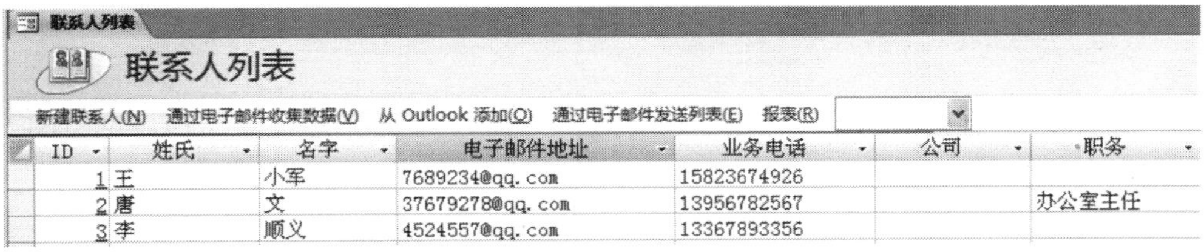

ID	姓氏	名字	电子邮件地址	业务电话	公司	职务
1	王	小军	7689234@qq.com	15823674926		
2	唐	文	37679278@qq.com	13956782567		办公室主任
3	李	顺义	4524557@qq.com	13367893356		

图 6-25　联系人数据库

（1）启动数据库，选择"本地模板"，如图6-26所示。

图6-26　本地模板

（2）选择本地模板中的"联系人"，单击右侧的"创建"按钮创建数据库"联系人.accdb"，如图6-27、图6-28所示。

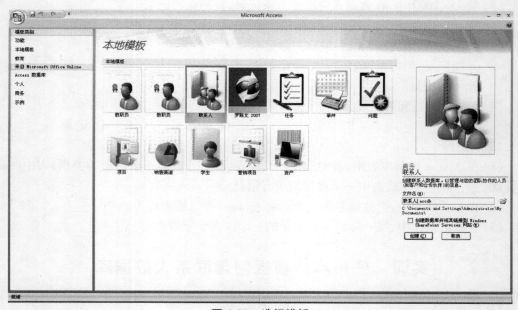

图6-27　选择模板

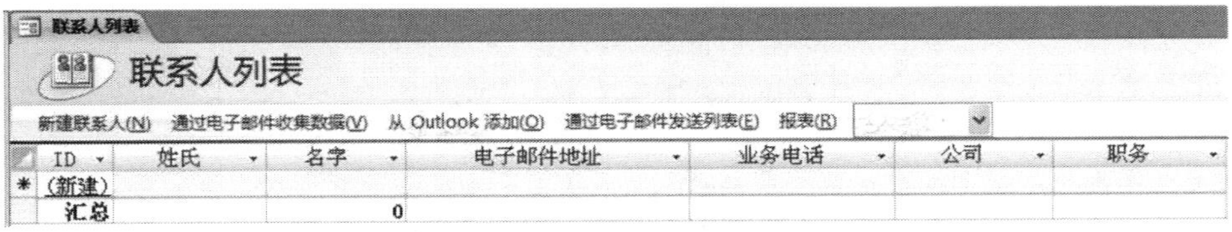

图 6-28 "联系人"模板

（3）按图 6-25 所示录入信息。

第七章　计算机网络应用基础

　　计算机网络技术是计算机科学的一个重要组成部分,也是计算机科学正在蓬勃发展的一个分支科学。现在,掌握一定的计算机网络基础知识与操作技能是每一个现代人的基本需求。

　　本章主要给大家介绍计算机网络的概念、功能、分类和计算机网络的拓扑结构,以及常用的网络设备、Internet 的概念、TCP/IP 协议、IP 地址与域名等。

知识目标

- ◆ 了解计算机网络的概念、功能和分类。
- ◆ 了解计算机网络的常用设备和网络协议。
- ◆ 掌握计算机网络 IP 地址和域名。

能力目标

- ◆ 会建立简单的局域网。
- ◆ 能够进行拨号上网的基本配置。
- ◆ 会使用 FTP 进行文件的上传和下载。

任务一　建立局域网

一、任务描述

　　小王毕业后在一家物流公司工作,工作中经常需要访问其他人的计算机找寻自己需要的资料信息,于是小王决定利用所学知识,建立简单的局域网,实现多台计算机之间的互联,这样就可以根据计算机组快速地找到所需查找的计算机。

二、任务准备

1.计算机网络的概念

计算机网络（Computer Network）是计算机技术与通信技术相结合的产物。所谓计算机网络就是利用通信线路和通信设备将位于不同地理位置的、功能相对独立的若干个计算机互联起来，按照网络协议进行数据通信从而实现资源共享的系统。计算机网络给人们的生活工作带来了极大的方便，通过计算机网络可以实现数据通信、资源共享等功能。

概括起来说，一个计算机网络必须具备以下3个基本要素：

①至少有两个具有独立操作系统的计算机，且它们之间有相互共享某种资源的需求。

②两个独立的计算机之间必须有某种通信手段将其连接。

③网络中的各个独立的计算机之间要能相互通信，必须制定相互可确认的规范标准或协议。

以上3条是组成一个网络的必要条件，三者缺一不可。

2.计算机网络的功能

计算机网络具有单个计算机所不具备的下述主要功能。

（1）数据通信

数据通信是计算机网络最基本的功能。它用来快速传送计算机与终端、计算机与计算机之间的各种信息，包括文字信件、新闻消息、咨询信息、图片资料、报纸版面等。利用这一特点，可实现将分散在各个地区的单位或部门用计算机网络联系起来，进行统一的调配、控制和管理。

（2）资源共享

"资源"指的是网络中所有的软件、硬件和数据资源。"共享"指的是网络中的用户都能够部分或全部地享受这些资源。例如，某些地区或单位的数据库（如飞机机票、饭店客房等）可供全网使用；某些单位设计的软件可供需要的地方有偿调用或办理一定手续后调用；一些外部设备如打印机，可面向用户，使不具有这些设备的地方也能使用这些硬件设备。资源共享实现，使各地区都不需要有完整的一套软、硬件及数据资源，大大地降低全系统的投资费用。

（3）分布处理

当某台计算机负担过重时，或该计算机正在处理某项工作时，网络可将新任务转交给空闲的计算机来完成，这样处理能均衡各计算机的负载，提高处理问题的实时性；对大型综合性问题，可将问题各部分交给不同的计算机分头处理，充分利用网络资源，扩大计算机的处理能力，即增强实用性。对解决复杂问题来讲，多台计算机联合使用并构成高性能的计算机体系，这种协同工作、并行处理要比单独购置高性能的大型计算机便宜得多。

3.计算机网络的分类

计算机网络的分类可按多种方法进行,一般按网络的分布地理范围来分类,可以分为局域网、城域网和广域网 3 种类型。

● 局域网(Local Area Network,LAN):局域网的地理分布范围在 10 km 以内,一般局域网建立在某个机构所属的一个建筑群内或大学的校园内,也可以是办公室或实验室几台、十几台计算机连成的小型局域网络。局域网连接这些用户的微型计算机及其网络上作为资源共享的设备(如打印机、绘图仪、数据流磁带机等)进行信息交换,另外通过路由器与广域网或城域网相连接以实现信息的远程访问和通信。LAN 是当前计算机网络发展中最活跃的分支。

● 城域网(Metropolitan Area Network,MAN):城域网采用类似于 LAN 的技术但规模比 LAN 大,地理分布范围在 10 ~ 100 km,介于 LAN 和 WAN 之间,一般覆盖一个城市或地区。随着国际互联网和信息技术的不断普及,在城市住宅小区大力兴建宽带网是城域网的典型应用。

● 广域网(Wide Area Network,WAN):广域网的涉辖范围很大,可以是一个国家或洲际网络,规模十分庞大且复杂。它的传输媒体由专门负责公共数据通信的机构提供。Internet(国际互联网)就是典型的广域网。

4.计算机网络的拓扑结构

计算机网络的通信线路在其布线上有不同的结构形式。在建立计算机网络时要根据准备联网计算机的物理位置、链路的流量和投入的资金等因素来考虑网络所采用的布线结构,即网络拓扑结构。常见的有如图 7-1 所示的几种网络拓扑结构形式。

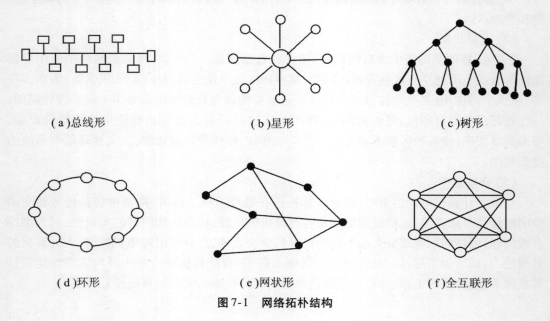

| (a)总线形 | (b)星形 | (c)树形 |
| (d)环形 | (e)网状形 | (f)全互联形 |

图 7-1　网络拓扑结构

（1）总线形结构

总线形拓扑结构网络采用一般分布式控制方式,各节点都挂在一条共享的总线上,采用广播方式进行通信,无需路由选择功能,如图7-1(a)所示。总线形拓扑结构主要用于局域网,它的特点是安装简单,所需通信器材、线缆的成本低,扩展方便,但在重负荷下效率较低,且当总线的某一接头接触不良时,会影响到网络的通信,使整个网络瘫痪。

（2）星形结构

星形拓扑结构的网络采用集中控制方式,每个节点都有一条唯一的链路和中心节点相连接,节点之间的通信都要经过中心节点并由其控制,如图7-1(b)所示。星形拓扑结构的特点是结构形式和控制方法比较简单,便于管理和服务;但线路总长度较长,中心节点需要网络设备,成本较高;由于每个连接只接一个节点,所以连接点发生故障,只影响一个节点,不会影响整个网络;但对中心节点的要求较高,当中心节点出现故障时会造成全网瘫痪。所以对中心节点的可靠性和冗余度的要求很高。

（3）树形结构

树形结构实际上是星形结构的发展和扩充,是一种倒树形的分级结构,具有根节点和各分支节点,如图7-1(c)所示。现在一些局域网络利用集线器或交换机将网络配置成级连的树形拓扑结构。树形网络的特点是结构比较灵活,易于进行网络的扩展。但与星形拓扑相似,当根节点出现故障时,会影响到全局。

树形结构是大中型局域网常采用的一种拓扑结构。

（4）环形结构

环形拓扑为一封闭的环状,如图7-1(d)所示。这种拓扑网络结构采用非集中控制方式,各节点之间无主从关系。环中的信息单方向地环绕传送,途经环中的所有节点并回到始发节点。仅当信息中所含的接收方地址与途经节点的地址相同时,该信息才被接收,否则不予理睬。环形拓扑的网络上任一节点发出的信息,其他节点都可以收到,因此它采用的传输信道也称为广播式信道。

环形拓扑网络的优点在于结构比较简单,安装方便,传输率较高。但单环结构的可靠性较差,当某一结点出现故障时,会引起通信中断。

环形结构是组建大型、高速局域网的主干网常采用的拓扑结构,如光纤主干环网。

（5）网状形结构

网状形拓扑实际上是不规则形式,它主要用于广域网,如图7-1(e)所示。网状形拓扑中两任意节点之间的通信线路不是唯一的,若某条通路出现故障或拥挤阻塞时,可绕道其他通路传输信息,因此它的可靠性较高,但成本也较高。此种结构常用于广域网的主干网中。

另外一种网形拓扑是全互联形的,如图7-1(f)所示。这种拓扑的特点是每一个节点都有一条链路与其他节点相连,所以它的可靠性非常高,但成本太高,除了特殊场合,一般较少使用。

5.计算机网络设备

常用的网络设备有:网卡、集线器(HUB)、交换式集线器(Switch)、中继器(Repeater)、收发器等。

（1）网卡

网卡是实现计算机与传输介质连接的设备。网线的一端必须与网卡上的 RJ-45 插头相连接。常见的网卡如图 7-2 所示。

若计算机中尚未安装网卡，则需要断开电源，打开计算机机箱，在空闲的 PCI 槽中安装网卡。具体连接步骤如下：

①断开电源，打开机箱，找到空闲的 PCI 扩展槽。

②卸下该扩展槽的档板。

③将网卡插入 PCI 扩展槽中，旋紧固定螺丝。

④启动计算机，操作系统一般能自动识别网卡，完成网卡的驱动程序安装。

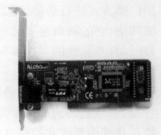

图 7-2　网卡

（2）集线器（HUB）

集线器又称为集中器或 HUB，可分为独立式、叠加式、智能模块化等，有 8 端口、16 端口、24 端口等多种规格。

（3）交换式集线器（Switch）

交换式集线器又称为交换机。交换机与 HUB 不同之处在于每个端口都可以获得同样的带宽。如 100 Mbit/s 交换器，每个端口都可以获得 100 Mbit/s 的带宽，而 100 Mbit/s 的 HUB 则是多个端口共享 100 Mbit/s 带宽。

交换机能连接一台或多台计算机，并能并发收发数据。因此，现在交换机（Switch）已经取代集线器（HUB），被广泛用在局域网中。如图 7-3 所示为 D-Link 10/100M 网络交换机。

图 7-3　D-Link 10/100M 快速型交换机

只要将通过测试的网线一端连接在交换机的端口上，另一端连接在计算机的网卡端口上，则完成了计算机与交换机的硬件互连。

为了使网络的维护方便、安全，一般交换机应安装在机柜中，并配置理线架、配线架等设备，如图 7-4 和图 7-5 所示。

图 7-4　配线架模块及部分网络设备

图 7-5　标准网络机柜

（4）中继器（Repeater）

中继器用于局域网络的互联,常用来将几个网段连接起来,起信号放大续传的功能。

（5）网桥

网桥是一种在数据链路层实现网络互联的存储转发设备。

（6）路由器（Router）

路由器是实现异种网络互联的设备。路由器与网桥的最大差别在于网桥实现网络互联是发生在数据链路层,而路由器实现网络互联是发生在网络层。

（7）网关（Gateway）

网关也是实现网络互联的设备,它实现的网络互联发生在网络高层,是网络层以上的互联设备的总称。

6. TCP/IP 协议

TCP/IP（Transmission Control Protocol/Internet Protocol）,中译名为传输控制协议/因特网互联协议,又名网络通讯协议,是 Internet 最基本的协议,是 Internet 国际互联网络的基础,由网络层的 IP 协议和传输层的 TCP 协议组成。

在计算机网络中,任意两台设备间的通信联系是通过网络协议来建立的,因此,在网络中的每台计算机必须要安装网络协议。目前,最常用的网络协议是 TCP/IP 协议。通常在安装网卡驱动程序时,系统会自动安装 TCP/IP 协议。

若要查验 TCP/IP 协议是否成功安装,可选中"网上邻居",单击鼠标右键,在快捷菜单中单击"属性"打开"网络连接"窗口,如图 7-6 所示。

图 7-6　网络连接

选中"本地连接",单击鼠标右键,在快捷菜单中单击"属性"打开"本地连接"属性,如图 7-7 所示。

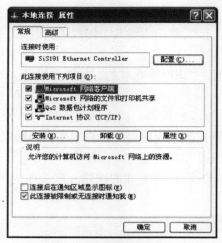

图 7-7 "本地连接"属性

Internet 协议(TCP/IP)选项前的复选框被选中则表示 TCP/IP 协议安装成功。

三、任务实施

1. 配置工作组

①打开 A 电脑(这里以 A、B 两台电脑为例)。

②选中"我的电脑",单击鼠标右键,在快捷菜单中单击"属性"打开"系统属性"对话框,选中"计算机名"选项卡,如图 7-8 所示。

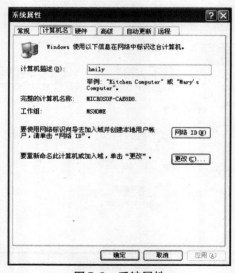

图 7-8 系统属性

日积月累

计算机名称和工作组名在操作系统安装完成后就存在了(如图7-8 中"完整的计算机名称"和"工作组"相关信息。

③单击"更改"按钮,弹出"计算机名称更改"对话框,按需要进行计算机名和工作组名的修改,如图7-9 所示。

图7-9　计算机名更改

图7-10　更改成功提示框

④单击"确定"按钮,弹出如图7-10 所示的提示框。
⑤单击"确定"按钮,弹出如图7-11 所示的提示框。

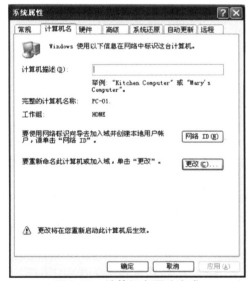

图7-11　重启提示框

图7-12　计算机名更改完成

⑥单击"确定"按钮,回到"系统属性"对话框。此时,A 电脑的计算机名称和工作组名称都已经发生了变化,如图7-12 所示。

单击"确定"按钮重启计算机,使得所改动的信息生效。

⑦打开 B 计算机。重复步骤(2)—(6),将其计算机名称改为 Pc-02,工作组名改为 WORK。此时,一个简单的计算机工作组就建立成功了。

2. 查看工作组

选中"网上邻居",双击鼠标左键,打开如图7-13所示窗口。

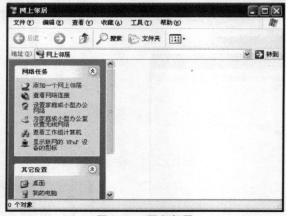

图7-13　网上邻居

在"网络任务"中,选择"查看工作组计算机",打开如图7-14所示窗口。

图7-14　工作组

3. 设置"Guest"用户的属性

在局域网中,工作组的计算机要互相访问,就需要进行
"Guest"用户的属性设置。

这里以Pc-01计算机访问工作组中的Pc-02计算机为例。

①在如图7-14所示的窗口中,选中"Pc-02"双击,弹出如
图7-15所示的对话框。

②由图7-15可知,我们需要对Pc-02计算机进行一定的
设置,工作组中的其他计算机才能够访问Pc-02。

选择"开始"→"控制面板"→"管理工具"→"计算机管

图7-15　连接到Pc-02

理"命令,弹出如图 7-16 所示的计算机管理窗口。

图 7-16 计算机管理

打开"本地用户和组"菜单,选择"用户"项,打开如图 7-17 所示窗口。

图 7-17 "用户"项

③首先,系统默认的"Guest"账户是不可直接用的。若不需要为 Pc-02 计算机设置密码,就选中"Guest",单击鼠标右键,在弹出的快捷菜单中选择"属性"命令(如图 7-18 所示)打开"Guest"属性对话框,如图 7-19 所示。

为了使得工作组中的其他计算机能够访问 Pc-02 计算机,这时应去掉 ☑帐户已停用 (B) 前面的"√",单击"确定"按钮即可。

此时,在 Work 工作组窗口中(如图 7-14 所示),选中"Pc-02"双击鼠标左键,即可访问到 Pc-02 计算机,如图 7-20 所示。

图 7-18　选择"属性"命令

图 7-19　Guest 属性

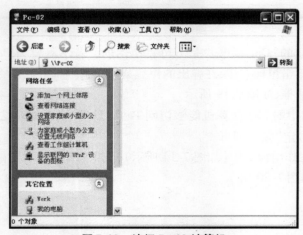

图 7-20　访问 Pc-02 计算机

若 Pc-02 计算机要为 Guest 设置密码,就选中"Guest",单击鼠标右键,在弹出的快捷菜单中选择"设置密码"命令,如图 7-21 所示。

图 7-21　选择"设置密码"命令

此时系统会弹出如图 7-22 所示的提示框。

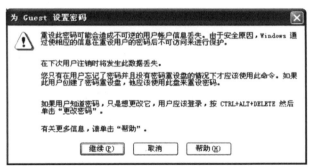

图 7-22　设置密码提示框

单击"继续"按钮,打开如图 7-23 所示的密码设置对话框。

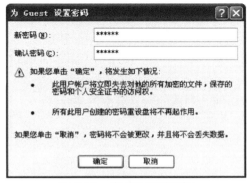

图 7-23　密码设置对话框

在密码文本框中输入要设置的密码两遍,单击"确定"按钮即可。系统将弹出如图 7-24 所示的提示框,说明 Pc-02 计算机已经为 Guest 设置密码完成。

图 7-24　密码设置完成

在这种情况下,工作中的其他计算机要访问 Pc-02,就需要在如图 7-15 所示的对话框中输入访问密码,再单击"确定"按钮进行访问。

任务二　如何拨号上网

一、任务描述

小王的公司因业务需要重新选择了一个写字楼作为办公楼。这个写字楼的互联网服务提供商有电信、联通、移动等,他们提供的互联网接入业务大多数都是用的拨号上网的形式。小王公司最终选择了中国电信的 ADSL 宽带。

使用中国电信的 ADSL,每次需要用到网络的时候需要进行拨号上网。但是有的员工对网络实在是不熟悉,于是小王就充当起了老师,给员工们进行了一个简单的培训。

电信运营商提供的相关信息如下:
宽带用户名:02367564359　　密码:154260

二、任务准备

1. Internet 的概念

国际互联网,又称因特网,英文是 Internet。简单地讲,Internet 是一个计算机交互网络,它是一个全球性的巨大的计算机网络体系。它把全球数万个计算机网络,数千万台主机连接起来,包含了难以计数的信息资源,向全世界提供信息服务。

Internet 的定义至少包含以下 3 个方面的内容:
①Internet 是一个基于 TCP/IP 协议簇的国际互联网络。
②Internet 是一个网络用户的团体,用户使用网络资源,同时也为该网络的发展壮大贡献力量。
③Internet 是所有可被访问和利用的信息资源的集合。

2. IP 地址与域名

(1)IP 地址

在 TCP/IP 网络上的每一台设备和计算机(称为主机或网络节点)都由一个唯一的 IP 地址来标识。IP 地址由一个 32 位二进制的值(4B)表示,这个值一般由 4 个十进制数组成,每个数之间用"."号分隔,如:192.168.44.68 等。

每个 IP 地址包括两个标识码(ID),即网络 ID 和主机 ID。

网络 ID 表示在同一物理子网上的所有计算机和其他网络设备。在互联网(由许多物理子网组成)中,每个子网有唯一的网络 ID。

主机 ID 在一个特定网络 ID 中代表一台计算机或网络设备(一台主机是连接到 TCP/IP 网络中的一个节点)。

同一个物理网络上的所有主机都使用同一个网络 ID,网络上的一个主机(包括网络上工作站,服务器和路由器等)有一个主机 ID 与其对应。Internet 委员会定义了 5 种 IP 地址类型以适合不同容量的网络,即 A 类 ~ E 类。

在 IP 地址的具体使用中,还要使用子网掩码,其作用是识别网络 ID 和主机 ID,主要用于 IP 子网的划分。子网掩码也是一个 32 位二进制值(常用四组以"."分隔的十进制数表示),其用于"屏蔽" IP 地址的一部分,使得 IP 包的接收者从 IP 地址中分离出网络 ID 和主机 ID。它的形式类似于 IP 地址。子网掩码中二进制数为"1"的位可分离出网络 ID,而为"0"的位分离出主机 ID。

● A 类 IP 地址:一个 A 类 IP 地址是指, 在 IP 地址的四段号码中,第一段号码为网络号码,剩下的三段号码为本地计算机的号码。如果用二进制表示 IP 地址的话,A 类 IP 地址就由 1 字节的网络地址和 3 字节主机地址组成,网络地址的最高位必须是"0"。A 类 IP 地址中网络的标识长度为 8 位,主机标识的长度为 24 位,A 类网络地址数量较少,可以用于主机数达 1 600 多万台的大型网络。

A 类 IP 地址的地址范围为 1.0.0.1 ~ 126.255.255.255(二进制表示为:00000001 00000000 00000000 00000001 ~ 01111110 11111111 11111111 11111111)。

A 类 IP 地址的子网掩码为 255.0.0.0,每个网络支持的最大主机数为 $256^3 - 2 = 16\ 777\ 214$ 台。

● B 类 IP 地址:是指在 IP 地址的 4 段号码中,前两段号码为网络号码,后两段为本地计算机的号码。如果用二进制表示 IP 地址的话,B 类 IP 地址就由 2 字节的网络地址和 2 字节主机地址组成,网络地址的最高位必须是"10"。B 类 IP 地址中网络的标识长度为 16 位,主机标识的长度为 16 位,B 类网络地址适用于中等规模的网络,每个网络所能容纳的计算机数为 6 万多台。

B 类 IP 地址的地址范围为 128.1.0.1 ~ 191.255.255.255(二进制表示为:10000000 00000001 00000000 00000001 ~ 10111111 11111111 11111111 11111111)。

B 类 IP 地址的子网掩码为 255.255.0.0,每个网络支持的最大主机数为 $256^2 - 2 = 65\ 534$ 台。

● C 类 IP 地址:是指在 IP 地址的 4 段号码中,前三段号码为网络号码,剩下的一段号码为本地计算机的号码。如果用二进制表示 IP 地址的话,C 类 IP 地址就由 3 字节的网络地址和 1 字节主机地址组成,网络地址的最高位必须是"110"。C 类 IP 地址中网络的标识长度为 24 位,主机标识的长度为 8 位,C 类网络地址数量较多,适用于小规模的局域网络,每个网络最多只能包含 254 台计算机。

C 类 IP 地址范围 192.0.1.1 ~ 223.255.255.255（二进制表示为：11000000 00000000 00000001 00000001 ~ 11011111 11111111 11111111 11111111）。

C 类 IP 地址的子网掩码为 255.255.255.0,每个网络支持的最大主机数为 256 - 2 = 254 台。

● D 类 IP 地址

D 类地址范围从 224 ~ 239,D 类 IP 地址第一个字节以"1110"开始,它是一个专门保留的地址。它并不指向特定的网络,目前这一类地址被用在多点广播(Multicast)中。多点广播地址用来一次寻址一组计算机,它标识共享同一协议的一组计算机。

● E 类 IP 地址

E 类地址范围从 240 ~ 254,以"11110"开始,为将来使用保留。全零("0.0.0.0")地址对应于当前主机。全"1"的 IP 地址("255.255.255.255")是当前子网的广播地址。

(2) Internet 的域名系统

虽然 IP 地址可以区别 Intemet 中的每一台主机,但这种纯数字的地址使人们难以一目了然地认识和区别互联网上千千万万个主机。为了解决这个问题,人们设计了用"."分隔的一串英文单词来标识每台主机的方法。按照美国地址取名的习惯,使用小地址在前、大地址在后的方式为互联网的每一台主机取一个见名知意的地址,如重庆工商职业学院:cqtbi.edu.cn。以"."分开最前面的是主机名,其后的是子域名,最后的是顶级域名。域名系统是一个分布式数据库,为 Internet 上的名字识别提供一个分层的名字系统。该数据库是一个树形结构,分布在 Internet 网的各个域及子域中,如:重庆工商职业学院:cqtbi.edu.cn,其顶级域属于 cn(中国),子域 edu 从属于教育,最后是主机名:cqtbi。

域名中的区域(或称顶域,在域名中的最右部分)分为两大类:一类是由三四个字母组成的,也称为国际顶级域名,它是按机构类型建立的,见表 7-1;另一类是由两个字母组成的,它是按国家、地区等地域建立的,见表 7-2。

表 7-1　通用国际顶级域名

域　名	含　义	域　名	含　义
com	商业机构	firm	公司企业机构
edu	教育机构	shop	销售公司和企业
gov	政府部门	web	万维网机构
int	国际机构	arts	文化娱乐机构
mil	军事机构	rec	消遣娱乐机构
net	网络机构	info	信息服务机构
org	网络机构非赢利组织	nom	个人

表7-2　常用国家和地区域名

域　名	国家和地区	域　名	国家和地区	域　名	国家和地区	域　名	国家和地区
au	澳大利亚	nl	荷兰	ca	加拿大	no	挪威
be	比利时	ru	俄罗斯	dk	丹麦	se	瑞典
fl	芬兰	es	西班牙	fr	法国	cn	中国
de	德国	ch	瑞士	in	印度	tw	中国台湾
ie	爱尔兰	gb	英国	il	以色列	us	美国
it	意大利	at	奥地利	jp	日本	kr	韩国

三、任务实施

①选中"网上邻居",单击鼠标右键,在快捷菜单中选择"属性"命令打开网络连接面板。

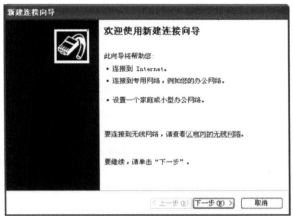

图7-25　"新建连接向导"对话框

②在左侧的"网络任务"中,选择"创建一个新的连接"打开"新建连接向导"对话框,如图7-25所示。

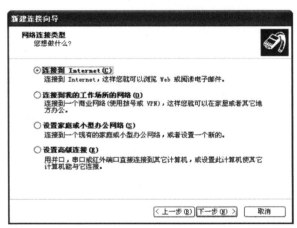

图7-26　选择网络连接类型

195

③单击"下一步"按钮,打开如图 7-26 所示对话框,选择"连接到 Internet"项。

④单击"下一步"按钮,打开如图 7-27 所示对话框并选择"手动设置我的连接"。

⑤单击"下一步"按钮,打开如图 7-28 所示对话框,选择"用要求用户名和密码的宽带连接来连接"。

⑥单击"下一步"按钮,打开如图 7-29 所示的对话框,在"ISP 名称"下的对话框中输入 ISP 名称,例如"ADSL"。这个名称,即为创建的连接的名称。

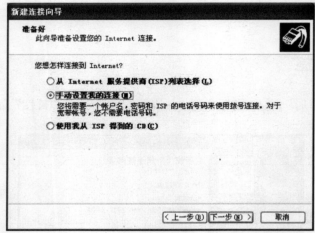

图 7-27 选择设置连接的方式

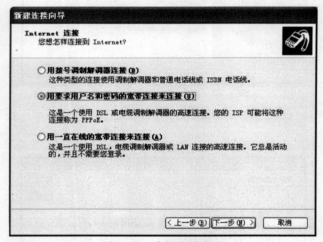

图 7-28 选择连接方式

196

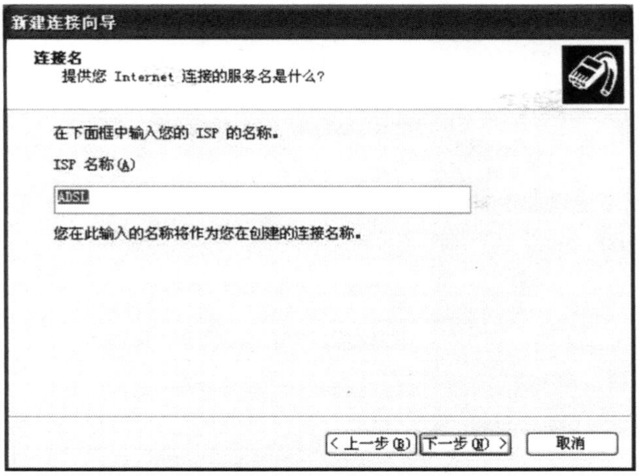

图 7-29　创建连接的名称

日积月累

ISP（Internet Service Provider），互联网服务提供商，即向广大用户综合提供互联网接入业务、信息业务和增值业务的电信运营商。ISP 是经国家主管部门批准的正式运营企业，享受国家法律保护。

---

⑦单击"下一步"按钮，打开如图 7-30 所示的对话框，在用户名和密码对话框中分别输入相应的信息。

图 7-30　输入用户和密码信息

⑧单击"下一步"按钮，打开如图 7-31 所示的对话框。

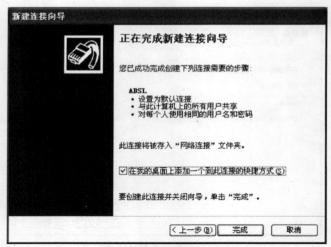

图 7-31　正在完成新建连接对话框

　　勾选"在我的桌面上添加一个到此连接的快捷方式",单击"完成"按钮,弹出如图7-32所示对话框。

　　此时,在桌面上也出现新建连接的图标 ,双击桌面该图标,也可打开图 7-32 所示对话框。

　　⑨单击"连接"按钮,进行拨号连接。将依次出现如图 7-33、图 7-34 和图 7-35 所示的提示框。

图 7-32　连接 ADSL 对话框

图 7-33　连接提示框 1

图 7-34　连接提示框 2

图 7-35　连接提示框 3

　　拨号成功后,提示框消失。随后将在任务栏右下角出现连接信息提示,如图 7-36 所示。

　　当 ADSL 连接成功后,在网络连接窗口中(选中"网上邻居",单击鼠标右键,在快捷菜单中单击"属性"打开),将出现如图 7-37 所示的信息。

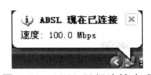

图 7-36 ADSL 已经连接完成

图 7-37 ADSL 连接信息

任务三 如何进行 FTP 文件传输

一、任务描述

小王的部门经理看到之前创建的简单局域网非常方便,在工作中起到了很大的作用。于是他向小王提出,专门用一台计算机来存储物流信息,其他计算机对其访问进行文件的上传和下载。小王便考虑,在计算机很多的情况下如果还是用工作组的方式创建互联关系,工作量就会变得很大。于是他想到了专业的 FTP 文件传输的软件。

小王经过上网查询,决定使用了一种比较简单的软件——UplusFtp Server。UplusFtp Server 绿色软件无需安装,支持标准的 FTP 协议,支持 FileZilla, CuteFtp, LeapFtp 和 lftp 等主流客户端,支持多用户多目录,内嵌 Web Server 支持 Web 访问,支持系统服务模式。

二、任务准备

1. FTP 概述

FTP(File Transfer Protocol, 文件传输协议)是 TCP/IP 网络上两台计算机传送文件的协议,FTP 是在 TCP/IP 网络和 Internet 上最早使用的协议之一,它属于网络协议组的应用层。FTP 客户机可以给服务器发出命令来下载、上载文件,创建或改变服务器上的目录。

2. FTP 用户授权

(1)用户授权

要联上 FTP 服务器(即"登录"),必须要有该 FTP 服务器授权的账号,也就是说你只有在有了一个用户标识和一个口令后才能登录 FTP 服务器,享受 FTP 服务器提供的服务。

(2)FTP 地址格式

FTP 地址如下:ftp://用户名:密码@ FTP 服务器 IP 或域名:FTP 命令端口/路径/文件名。

三、任务实施

1. 启动服务

双击如图 7-38 所示的程序图标,打开其工作界面,如图 7-40 所示。

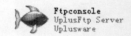

图 7-38　UplusFtp Server 程序图标

日积月累

UplusFtp Server 绿色软件无需安装,直接将其文件压缩包解压即可,如图 7-39 所示。

图 7-39　解压后的 UplusFtp Server 软件

图 7-40　工作界面

(2)用户管理

①单击"设置"菜单,选择"用户管理",打开如图 7-41 所示的工作界面。

图 7-41　用户管理工作界面

②该软件默认的用户为 anonymous，我们可以对其进行修改和删除操作。
选中用户 anonymous，单击"修改"按钮，打开如图 7-42 所示的窗口。

图 7-42　用户信息对话框

图 7-43　删除用户提示框

在该窗口中，我们可以修改用户的描述、主目录地址、用户权限和欢迎信息。

选中用户 anonymous，单击"删除"按钮，弹出如图 7-43 所示的提示框。

单击"是"按钮，删除用户 anonymous。

③单击"创建"按钮，打开用户信息对话框，在各文本框中输入相信的信息，在"权限"下勾选相应的选项即可，如图 7-44 所示。

图 7-44　创建用户信息对话框

④单击"确定"按钮,用户 Guest 创建成功,如图 7-45 所示。

图 7-45　用户创建成功

3. 上传文件

为 Guest 用户添加一系列的"上传"操作权限:创建文件夹、创建文件、写文件,如图 7-46 所示。

图 7-46　为用户添加权限

完成之后从桌面上打开"我的电脑"，在地址栏输入 FTP 服务器的地址，如图 7-47 所示。

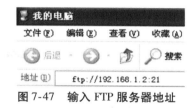

图 7-47　输入 FTP 服务器地址

日积月累

这里我们使用的是没有 UplusFtp Server 软件的计算机，用它去访问拥有 UplusFtp Server 软件的计算机（文中称为 FTP 服务器）。

按 Enter 键，弹出如图 7-48 所示的对话框。

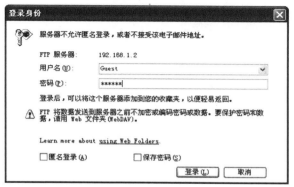

图 7-48　登录对话框

输入用户名和密码，单击"登录"按钮，打开如图 7-49 所示窗口。

日积月累

这里的用户名和密码，就是用户管理界面所对应的用户和密码。

图 7-49　进入 FTP 服务器

此时便可以进行上传操作：

①在我的电脑中，选中所要上传的文件或文件夹（这里以文件夹"2011 年度汇总"为例），将选择对象复制到 FTP 服务器窗口中。这时，FTP 服务器的窗口中出现一个"2011 年度汇总"文件夹，如图 7-50 所示。

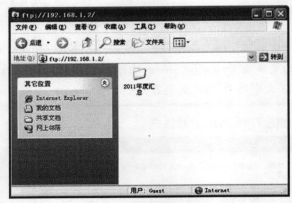

图 7-50　上传文件

②在 FTP 服务器窗口中，也可以直接创建信息，单击鼠标右键，在弹出的快捷菜单中选择"新建→文件夹"命令。

4．下载文件

当为用户设置了"读文件"的权限后，用户就能从 FTP 服务器上下载文件了。

①打开 FTP 服务器窗口，选中要下载的文件或文件夹。

②单击鼠标右键，在弹出的快捷菜单中选择"复制到文件夹"或"复制"命令，将其复制到本机相应的文件夹即可。

5．其他操作

除了上传和下载文件，还可以为用户设置"删除"权限，通常只为高级用户设置"删除"权限。另外，通过权限设置，还能禁用某些用户，即这些用户不能访问 FTP 服务器。

本章小结

本章主要介绍网络中最常用的几种情况：通过建立局域网的案例，主要介绍了计算机网络的概念、功能、分类和计算机网络的拓扑结构；通过讲解常用的使用 ADSL 进行拨号上网的方法，主要介绍了 Internet 的概念、IP 地址与域名等相关网络相关知识；通过如何进行 FTP 文件传输的案例，主要介绍了常用的 FTP 文件传输的软件 UplusFtp Server，以及利用它建立 FTP 服务器可以对文件进行上传和下载等操作。

习题 7

一、单项选择题

（1）用户的电子邮箱是（　　　）。

    A. 通过邮局申请的个人信箱　　　　　　B. 邮件服务器内存中的一块区域

    C. 邮件服务器硬盘上的一块区域　　　　D. 用户计算机硬盘上的一块区域

（2）目前下面的网络传输介质中传输速率最高的是（　　　）。

    A. 双绞线　　　　　　B. 同轴电缆　　　　　　C. 电话线　　　　　　D. 光缆

（3）下面哪一个是正确的电子邮箱名称？（　　　）

    A. CQ. 126. NET　　　　　　　　　　　B. CQ. 126. NET. COM

    C. CQ@ . 126. NET　　　　　　　　　　D. CQ@ 126. NET

（4）根据域名代码的规定，域名为 WWW. CQTBI. EDU. CN 表示的网站类别应是（　　　）。

    A. 教育机构　　　　B. 军事部门　　　　C. 商业组织　　　　D. 国际组织

（5）在 Internet 提供的 WWW 服务中，信息的浏览方式基于的协议是（　　　）。

    A. HTTP　　　　　　B. FTP　　　　　　C. DNS　　　　　　D. HTML

（6）计算机网络按其覆盖的范围，可划分为（　　　）。

    A. 以太网和移动通信网　　　　　　　　B. 电路交换网和分组交换网

    C. 局域网、城域网和广域网　　　　　　D. 星型结构、环型结构和总线结构

（7）在计算机网络中，表征数据传输可靠性的指标是（　　　）。

    A. 传输率　　　　　　B. 误码率　　　　　　C. 信息容量　　　　D. 频带利用率

二、多项选择题

（1）计算机网络中常用的拓扑结构有（　　　）。

    A. 总线网　　　　　　　　B. 星形网　　　　　　　　C. 环形网

    D. 分散网　　　　　　　　E. 集线网

（2）计算机联网的目的有（　　　）。

    A. 资源共享　　　　　　　B. 数据通信　　　　　　　C. 信息处理

    D. 协同工作　　　　　　　E. 多媒体应用

三、填空题

（1）TCP 协议是_____的简称，FTP 是_____的简称。

（2）Internet 上最基本的通信协议是_____。

（3）World Wide Web 的缩写是_____。

（4）网络按其分布的地理部国可分为 LAN，WAN，MAN。Internet 属于_____。

（5）计算机网络的最主要的功能是_____、_____和_____。

四、判断题

（1）网络域名地址一般都通俗易懂，大多采用英文名称的缩写来命名。　　　（　　　）

（2）Internet 网的域名和 IP 地址之间的关系是一一对应的。　　　　　　　（　　　）

（3）必须借助专门的软件才能在网上浏览网页。 （ ）

（4）Internet 的 IP 地址为二进制的 32 位。 （ ）

（5）在常用的网络传输介质中,光纤是带宽最宽、信息传输衰减最小、抗干扰能力最强的一种传输介质。 （ ）

（6）两台计算机利用电话线路传输数据信号时必备的设备之一是网卡。 （ ）

（7）因特网(Internet)初期主要采用 TCP/IP 协议进行通讯,随着因特网的发展,该协议已经不再使用。 （ ）

（8）Modem(调制解调器)既是输入设备又是输出设备。 （ ）

（9）因特网基本服务方式有电子邮件、信息公告及浏览、文件传输、电子商务等。

（ ）

（10）网络互连必须遵守有关的协议、规则或约定。 （ ）

实训 浏览器软件的使用及免费电子邮箱的申请与使用

【实训内容】

（1）使用不同的 IE 浏览器(IE7.0、IE8.0、360 安全浏览器、搜狗高速浏览器等)进行网页的浏览。

（2）申请并使用免费电子邮箱(126 电子邮箱、163 电子邮箱、新浪电子邮箱等)。

第八章　计算机多媒体基础知识

本章将介绍了多媒体技术、多媒体计算机系统、多媒体文件类型,还介绍了怎样在 Windows XP 系统下设置多媒体。

知识目标

◆　理解媒体、多媒体、多媒体技术及流媒体的概念。
◆　了解多媒体计算机的组成。

能力目标

◆　会使用 Windows XP 系统多媒体。

任务一　安装多媒体硬件设备

一、任务描述

张颖是一位音乐发烧友,最近她买了听音乐效果很好的声卡,她把声卡安装在了计算机主板上重新启动后,就开始装声卡驱动程序了。

二、任务准备

1.计算机多媒体技术的概念

随着计算机软硬件技术的快速发展,多媒体技术成为当前最受人们关注的热点技术之一。特别是近年来数字技术及其产品的普及和相关应用软件的不断成熟,多媒体技术已经渗入到人们生产和生活的各个领域。

多媒体的英文是 MultiMedia,意思是承载信息的多种载体。计算机多媒体技术是通过计算机交互式综合处理多种媒体信息——文字、声音、图形、图像、动画和视频,使多种信息建立逻辑连接,集成为一个具有交互性的系统。简言之,多媒体技术就是具有集成性、实时性和交互性的计算机综合处理声、文、图信息的技术。

2. 多媒体技术的特点

多媒体技术有以下几个主要特点。

- 集成性:能够对信息进行多通道统一获取、存储、组织与合成。
- 控制性:多媒体技术是以计算机为中心,综合处理和控制多媒体信息,并按人的要求以多种媒体形式表现出来,同时作用于人的多种感官。
- 交互性:交互性是多媒体应用有别于传统信息交流媒体的主要特点之一。传统信息交流媒体只能单向地、被动地传播信息,而多媒体技术则可以实现人对信息的主动选择和控制。
- 非线性:多媒体技术的非线性特点将改变人们传统循序性的读写模式。以往人们读写方式大都采用章、节、页的框架,循序渐进地获取知识,而多媒体技术将借助超文本链接(Hyper Text Link)的方法,把内容以一种更灵活、更具变化的方式呈现给读者。
- 实时性:当用户给出操作命令时,相应的多媒体信息都能够得到实时控制。
- 信息使用的方便性:用户可以按照自己的需要、兴趣、任务要求和认知特点来使用信息,并可任取图、文、声等信息表现形式。
- 信息结构的动态性:"多媒体是一部永远读不完的书",用户可以按照自己的目的和认知特征重新组织信息,增加、删除或修改节点,重新建立链接。

3. 多媒体中的媒体元素

(1)文本

文本是计算机中基本的信息表示方式,是各种文字和符号的集合,其中包括字母、数字和各种专用符号。它是用得最多的一种符号媒体形式,是人和计算机交互作用的主要形式。文本可以包含的信息量很大,而所需要占用的存储空间却很小。常用的文本编辑软件有写字板、记事本、WPS,Word 等文字处理软件,这些文本编辑软件编辑的文本大都可以被输入到多媒体应用设计之中。制作图形的软件或多媒体编辑软件一般也有文本编辑的功能。

(2)图形

图形是计算机产生的图案,一般是指由点、直线、曲线、面、文字等元素所构成,并经过平移、对称、缩放、旋转、填充、透视、投影等方式变换而产生出来的画面。

(3)图像

图像是使用输入设备捕捉真实场景的图画,经过数字化处理后以位图的形式存储,如存储在计算机中的数码照片就是图像。因此在计算机系统中,图形和图像两者产生、处理的方式是不同的。

(4)音频

现实生活中的各种声音可以通过数字化的方式输入到计算机中,声卡的出现让计算机具有了处理声音的能力。

在多媒体应用中,音频主要包括语音、音乐以及各种音响效果,其中语音即语言的声音,就是人说话的声音,多用来表达文字的意义或作为旁白;音乐多用来作为背景音乐,起烘托气氛的作用;音效是指模拟某种事物发生后产生的声音,它能表现一种真实感。

(5)动画

动画是指由许多帧静止的画面,以一定的速度(如每秒 16 幅画面,其中的每一幅画面称为一帧)连续播放时,肉眼因视觉残象产生错觉,而误以为画面活动的作品。为了得到活动的画面,每个画面之间都会有细微的改变。而画面的制作方式,最常见的是手绘在纸张或赛璐珞片上,其他的方式还包含了黏土、模型、纸偶、沙画等。随着计算机技术的发展,现在也有许多利用计算机动画软体,直接在计算机上制作出来的动画,或者是在动画制作过程中使用计算机进行加工的方式,这些都已经大量运用在商业动画的制作中。

动画广泛应用于电视广告、网页和其他多媒体演示软件。

(6)视频

视频也是另一种动态图像。当动态图像中的画面是实时获取的自然景物而形成的,就称之为视频(Video)。视频一词源于电视技术,电视视频是模拟信号,计算机视频则是数字信号。由于数字视频的每一帧画面是由实时获取的自然景观转换成数字形式而来,因此有很大的数据量。

数字视频主要应用于非线性视频编辑、VCD 和 DVD 数字视频点播、通过网络传送远程教学、医疗或会议的现场景象。

4. 多媒体计算机系统的基本组成

多媒体计算机系统是指能把视、听和计算机交互式控制结合起来,对音频信号、视频信号的获取、生成、存储、处理、回收和传输进行综合数字化处理所组成的一个完整的计算机系统。一个多媒体计算机系统一般由多媒体硬件系统和多媒体软件系统两部分组成。

(1)多媒体计算机硬件系统

多媒体计算机的硬件结构与一般所用的个人机并无太大的差别,只不过是多了一些软硬件配置而已。一般用户如果要拥有多媒体个人计算机大概有两种途径:一是直接够买具有多媒体功能的计算机;二是在基本的计算机上增加多媒体套件而构成多媒体个人计算机。到计算机发展的今天,对计算机厂商和开发人员来说,多媒体个人计算机已经成为一种必须具有的技术规范,即现在用户所购买的个人电脑都具有多媒体应用功能。

由于多媒体信息量巨大,对计算机的运算速度提出了更高的要求,一般情况,能够运行 Windows XP 的计算机都能满足一般多媒体应用的需求。总的来说,多媒体个人计算机(MPC)的基本硬件结构可以归纳为 7 部分:

①至少一个功能强大、速度快的中央处理器(CPU);

②可管理、控制各种接口与设备的配置;

③具有一定容量(尽可能大)的存储空间;

④高分辨率显示接口(显卡,可单独配置也可集成在主板上)与设备(高分辨率 LED 显示器等);

⑤可处理音响的接口(声卡,可单独配置也可集成在主板上)与设备(话筒,音响,耳机等);

⑥可处理图像的接口设备;

⑦可存放大量数据的配置等。

这样提供的配置是最基本的多媒体个人计算机的硬件基础。

(2)多媒体计算机软件系统

多媒体计算机的应用除了要具有一定的硬件设备外,更重要的是软件系统的开发和应用。多媒体计算机的软件系统由多媒体系统软件、多媒体工具和多媒体应用软件组成。多媒体系统软件除了具有一般系统软件的特点外,还要反映多媒体技术的特点,如数据压缩、媒体硬件接口的驱动、新型交互方式等。多媒体计算机系统的主要系统软件包括多媒体驱动软件、接口程序和多媒体操作系统。

三、任务实施

Windows XP 操作系统支持多媒体功能的改善,DVD 支持技术、内置的 DirectX 多媒体驱动、光盘刻录与擦写技术等给用户提供了丰富多彩的交互式多媒体环境。

多媒体硬件设备的安装设置

要使计算机具备多媒体功能,就要在计算机中安装相应的多媒体设备。多媒体需要的基本硬件设备包括显卡、声卡、音箱/耳机和麦克风等。Windows XP 操作系统中由"设备管理器"安装和设置多媒体设备,应当调整 Windows XP 的多媒体属性设置以适应特有的工作环境,并可为自己的计算机系统设置声音事件等多媒体效果。

打开"设备管理器"的方法有以下两种。

• 右键单击"我的电脑"后选择"设备管理器",可以查看计算机上的硬件设备。

• 在"控制面板"中选择"系统",在"硬件"选项卡中单击"设备管理器"可以查看已经安装在你的计算机上的硬件设备。在"设备管理器"中可以找到"声音、视频和游戏控制器"及"显示卡"等(如图 8-1 所示)。

图 8-1　设备管理器

　　如果为计算机添加了新的多媒体设备,一般情况下在把硬件设备插到计算机上并重新启动后,系统会自动查出新硬件并安装适当的驱动程序。

　　如果系统没有自动认出新硬件,可以单击"控制面板"中的"系统"图标,在系统特性对话框中选择"硬件"选项卡(如图8-2所示),单击"添加新硬件向导"按钮后弹出"找到新的硬件向导"界面,如图8-3所示,这时可以手工安装新硬件,此过程与一般软件的安装过程相同。

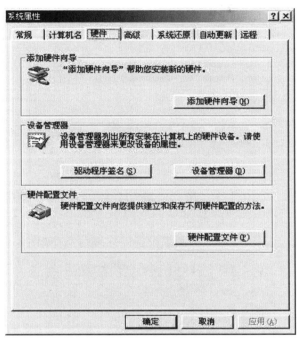

图 8-2　系统属性

图 8-3　找到新的硬件向导

　　安装完各个硬件设备的驱动后,要查看计算机硬件的属性,只需用鼠标右键单击"设备管理器"中的设备(如声卡),选择快捷菜单中的"属性",打开此项硬件的属性对话框(如图

8-4 所示）。在"常规"选项卡中,可以查看到该硬件的资源属性,如设备类型、制造商、位置、设备状态等。

图 8-4　硬件属性

在"驱动程序"选项卡中,可以查看到该设备简单的驱动程序信息（如图 8-5 所示）；单击"驱动程序详细信息"选项,可以查看到该设备的详细信息（如图 8-6 所示）。

图 8-5　硬件属性

图 8-6 驱动设备详细信息

也可在 8 － 5 图 "驱动程序"选项卡中为这个设备更新驱动程序。

注意:如果该设备在更新驱动程序时失败或者更新驱动程序后出现问题,可以在这里单击"返回驱动程序"按钮,系统就会自动帮助你返回到前一个驱动程序。

任务二 设置 Windows XP 系统多媒体

一、任务描述

张颖安装完声卡后,需要在 Windows XP 操作系统中设置音箱的音量和语声效果。

二、任务实施

系统允许用户根据自己机器的配置情况和使用习惯对多媒体设备的属性进行设置,如为事件指定声音、选择声音方案和音量等。为了用户使用方便,系统也提供在任务栏上显示音量控制以及选择音频设备。

1.声音的选择与设置

声音的选择与设置就是为系统中的事件设置声音,当事件被激活时系统会根据用户的设置自动发出声音提示用户。其操作步骤如下。

在"控制面板"窗口中双击"声音及音频设备"图标,打开"声音及音频设备"属性对话框(如图 8-7 所示),这个对话框包含了音量、声音、音频、语声和硬件 5 个选项卡,提供了检查配置系统声音环境的手段。

①在"声音"选项卡中,"程序事件"列表框中显示了当前 Windows XP 中的所有声音事件。如果在事件的前面有一个"小喇叭"标志,表示该声音事件有一个声音提示。此声音事件可添加也可取消,要设置声音事件的声音提示,应在"程序事件"列表框中选择声音事

件,然后从"声音"下拉列表中选择需要的声音文件作为声音提示。要取消声音事件的声音提示,则应先选中该程序事件,然后从"声音"下拉列表中选择"无",此时程序事件前面的"小喇叭"标志取消了。

②用户也可以更改声音事件的声音,单击"浏览"按钮,弹出浏览声音对话框。在该对话框中选定声音文件,并单击"确定"按钮,回到如图8-7所示的"声音"选项卡。

③在 Windows XP 中,系统预置了多种声音方案供用户选择。用户可以从"声音方案"下拉表中选择一个方案,给声音事件选择声音。

④用户也可以设置个性化的配音方案。在"程序事件"列表框中选择需要的"程序事件"并配置声音,然后单击"声音方案"选项组中的"另存为"按钮,打开"将方案存为"对话框(如图8-8所示)。在"将此配音方案存为"文本框中输入声

图 8-7　声音和音频设备属性

音方案的文件名后,单击"确定"按钮即可。如果用户对自己设置的配音方案不满意,可以在"声音方案"选项组中选定该方案,然后单击"删除"按钮,删除该方案。

图 8-8　将方案另存为

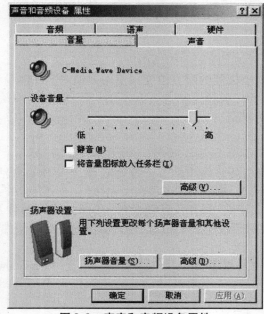

图 8-9　声音和音频设备属性

⑤单击"音量"选项卡,打开"音量"选项卡(如图8-9所示)。用户可以在"设备音量"选项组中,通过左右调整滑块改变系统输出的音量大小。如果希望在任务栏中显示音量控制图标,可以启用"将音量图标放入任务栏"复选框。

⑥要想调节各项音频输入输出的音量,单击"设备音量"区域中的"高级"按钮,在弹出的"音量控制"对话框里(如图8-10所示)调节即可。这里列出了从总体音量到 CD 唱机、PC 扬声器等单项输入输出的音量控制功能。也可以通过选择"静音"来关闭相应的单项音量。

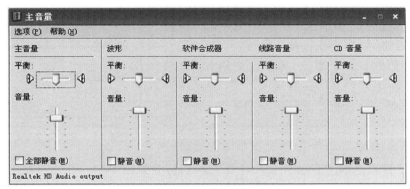

图 8-10　音量控制

⑦单击"音量"选项卡中的"扬声器设置"区域中的"高级"按钮后,在弹出的"高级音频属性"对话框(如图8-11所示)中用户可以为自己的多媒体系统设定最接近你的硬件配置的扬声器模式。

图 8-11　高级音频属性

2. 音频属性的设置

在"声音及音频设备属性"对话框中,单击"音频"选项卡,打开"单频"选项卡(如图8-12所示)。在该选项卡中,可以看到与"声音播放""录音"和"MIDI 音乐播放"有关的默认设备。当计算机上安装有多个音频设备时,就可以在这里选择应用的默认设备,并且还可以调节其音量并进行高级设置。

进行音频设置的操作步骤如下：

①在"声音播放"选项组中，从"默认设备"下拉列表中选择声音播放的首选设备，一般使用系统默认设备。

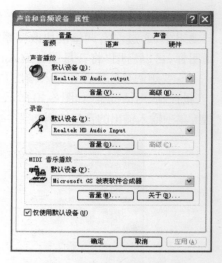

②用户如果希望调整声音播放的音量，可以单击"音量控制"对话框，在该窗口中，将音量控制滑块上下拖动即可调整音量大小。

③在"音量控制"窗口中，用户可以为不同的设备设置音量。例如，当用户在播放 CD 时，调节"CD 音频"选项组中的音量控制滑块，可以改变播放 CD 的音量；当用户播放 MP3 和 WAV 等文件时，用户还可以在"音量控制"窗口进行左右声道的平衡、静音等设置。

④用户如果想选择扬声器或设置系统的播放性

图 8-12　声音和音频设备属性

能，可以单击"声音播放"选项组中的"高级"按钮，打开如图 8-11 所示的"高级音频属性"对话框。在"扬声器"和"性能"选项卡中可以分别为自己的多媒体系统设定最接近你的硬件配置的扬声器模式及调节音频播放的硬件加速功能和采样率转换质量。

⑤在"录音"选项组中，可以从"默认设备"下拉列表中选择录音默认设备。单击"音量"按钮，打开"录音控制"对话窗口（如图 8-13 所示）。用户可以在该窗口中改变录音左右声道的平衡状态以及录音的音量大小。

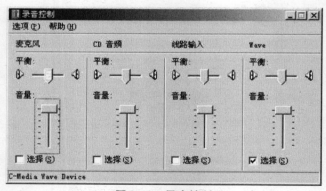

图 8-13　录音控制

⑥在"MIDI 音乐播放"选项组中，从"默认设备"下拉列表中选择 MIDI 音乐播放默认设备。单击"音量"按钮，打开"音量控制"窗口可调整音量大小。

⑦如果用户使用默认设备工作，可启用"仅使用默认设备"复选框。设置完毕后，单击"应用"按钮保存设置。

3.语声效果的设置

用户在进行语声的输入和输出之前，应对语声属性进行设置。在"声音和音频设备属性"对话框中,单击"语声"标签,打开"语声"选项卡(如图 8-14 所示)。在该选项卡中,用户不但可以为"声音播放"和"录音"选择默认设备,而且还可调节音量大小及进行语声测试。

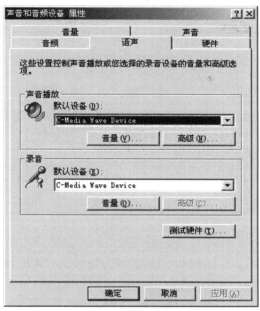

图 8-14　声音和音频设备属性

①在"声音播放"选项组中,从"默认设备"下拉列表中选择声音播放的设备,单击"音量"按钮,打开"音量控制"窗口调整声音播放的音量。如果要设置声音播放的高级音频属性,可单击"高级"按钮进行设置。

②在"录音"选项组中,从"默认设备"下拉列表中选择语声捕获的默认设备,单击"音量"按钮,打开"录音控制"窗口调整语声捕获的音量。要设置语声捕获的高级属性,可单击"高级"按钮进行设置。

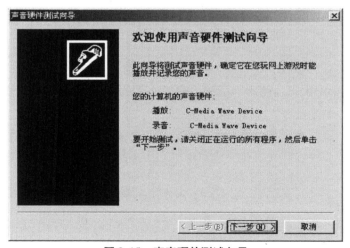

图 8-15　声音硬件测试向导

③单击"测试硬件"按钮,打开"声音硬件测试向导"对话框(如图8-15所示),该向导测试选定的声音硬件是否可以同时播放声音和注册语声。注意:要确保测试的准确性,在测试之前必须关闭使用麦克风的所有程序,如语声听写或语声通信程序等。

④单击"下一步"按钮,向导开始测试声音硬件,并显示检测进度。

⑤检测完毕后,打开"正在完成声音硬件测试向导"对话框,通告用户检测结果,单击"完成"按钮关闭对话框。

⑥设置完毕后,单击"确定"按钮保存设置。

任务三　使用 Windows Media Player10

一、任务描述

张颖平时休闲喜欢听音乐,看电影。她收集了一些经典影片和怀旧音乐并想把它们录制到光盘里。朋友给她推荐了 Windows XP 自带的既可以听音乐、看视频,又可以刻录光盘的 Windows Media Player10。

张颖在 Windows XP 操作系统中,除了使用 Windows Media Player10 播放 CD 或其他数字音频文件,还要使用它刻录音乐。

二、任务准备

1. 流媒体概述

随着 Internet 的日益普及,在网络上传输的数据已经不再局限于文字和图形,而是逐渐向声音和视频等多媒体格式过渡。流媒体(Streaming Media)是应用流技术在网络上传输的多媒体格式文件。目前在网络上传输音频、视频等多媒体文件时,基本上只有下载和流式传输两种选择。通常说来,音频、视频文件占据的存储空间都比较大,在带宽受限的网络环境中下载可能要耗费数分钟甚至数小时,所以这种处理方法的延迟很大。如果换成应用流技术传输的话,先在用户计算机上创造一个缓冲区,播放前预先下载一段资料作为缓冲,这样用户可以不必等到整个文件全部下载完毕,而只需要经过几秒钟的启动延时就可以开始播放文件了。当这些多媒体数据在客户机上播放时,文件的剩余部分将继续从流媒体服务器下载。当网路实际连线速度小于播放所耗用资料的速度时,播放程序就会取用这一小段缓冲区内的资料,避免播放的中断,也使得播放品质得以维持。

2. 流媒体播放方式

流媒体播放方式一般包括单播、组播、点播与广播。

●单播:在用户计算机与媒体服务器之间建立一个单独的数据通道,即1台服务器送出的每个数据包只能传送给 1 个用户计算机,这种传送方式称为单播。

● 组播:组播技术构建的网络,允许路由器一次将数据包复制到多个通道上。采用组播方式,媒体服务器只需要发送一个信息包,所有发出请求的用户计算机即可同时收到连续的数据流而无延时。

● 点播:点播连接是用户计算机与服务器之间主动的连接。在点播连接中,用户通过选择内容项目来初始化客户端连接。

● 广播:指的是用户被动地接收数据流。在广播过程中,数据包的拷贝将发送给网络上的所有用户,客户端接收流,但不能控制流。

3.流媒体系统的组成

流媒体系统包括以下 5 个方面的内容:
● 编码工具:用于创建、捕捉和编辑多媒体数据,形成流媒体格式。
● 流媒体数据。
● 服务器:存放和控制流媒体的数据。
● 网络:适合多媒体传输协议甚至是实时传输协议的网络。
● 播放器:供客户端浏览流媒体文件。
这 5 个部分有些是网站需要的,有些是用户计算机需要的,并且不同的流媒体标准和不同公司的解决方案会在某些方面有所不同。

三、任务实施

Windows XP 可以播放 CD、MP3 和其他多种数字音频文件,所用的都是 Windows Media Player 这个附件程序。其实 Windows Media Player 不仅仅是一个播放器,它还是一款既实用又简单的 CD 刻录、翻录软件。

1.播放 CD

Windows XP 可以播放 CD,但是要将 CD 放到 CD_ROM 驱动器中。要想让计算机播放 CD,所需要的就是一个 CD-ROM 驱动器(或者其他一些相似的东西,如 DVD 驱动器、可写的 CD 驱动器等)、一个声卡和音箱或者耳机。

当将 CD 放到 CD-ROM 中后,计算机会自动地对 CD 进行扫描,以便确定 CD 中是计算机数据还是音频文件。如果是音频文件,那么系统会自动启动 Windows Media Player 开始播放文件,同时还会显示"正在播放"选项卡。

Windows Media Player 是一个功能完全的 CD 播放器,同时它还可以播放声音文件,如 MP3 和 WAV 文件。

如果 CD 已经放在了驱动器中,那么可用手动的方法播放 CD,方法就是执行"开始"→"所有程序"→"附件"→"娱乐"→Windows Media Player 命令。也可以将 CD 从 CD_ROM 驱动器中弹出来,然后再重新放到驱动器中。

除了 CD 播放器的功能外,Windows Media Player 的"正在播放"窗口中还有其他的一些功能。

①播放器在播放影片时有"完整模式"和"紧凑模式"两种模式,可在"查看"菜单中进行切换,快捷键分别为"Ctrl＋1"和"Ctrl＋2"。通常情况下"完整模式"为默认方式,"紧凑模式"窗口较小,只显示视频区域。

②用户可以自己设置曲目列表,将那些不想听的曲目隐藏起来不显示。在"播放列表"中选择一个曲目,从右键快捷菜单中选择"从播放列表删除"命令即可。

③如果想使曲目按照某一个特定的顺序播放,可以在"播放列表"中上下移动曲目。也可以用右键单击一个曲目,然后再从快捷菜单中选择"上移"或"下移"命令。

④如果要编辑所显示的曲目名称,可以右键单击曲目,并选择"编辑"命令,然后再输入另外的一个名称。例如,若播放不能识别歌曲的标题,那么可以用手工的方式输入标题。

⑤如果要改变显示的效果,可以单击显示区域中向左指或右指的箭头。如果要切换到另外一套显示设置,可以打开"查看"菜单,选择"可视化效果",然后再指向某个类别或设置,接着选着其中的一种。

⑥如果要改变"均衡器"中的信息,那么应该打开"查看"菜单,选择"正在播放工具",然后选择一种工具。

如果单击"从 CD 复制"选项卡,那么曲目列表就会占据整个窗口,并且在选项卡切换时,CD 仍然在播放。单击"复制音乐"按钮,可以将选中的曲目从 CD 上复制到计算机的硬盘中。这样,当 CD 不在驱动器中,仍然可以听到音乐。

2. 播放 MP3 文件和其他数字音频文件

Windows Media Player 并不只是一个 CD 播放器,它还可以播放数字音频文件—可以是从 CD 中复制到硬盘中的声音文件,也可以是从 Internet 上下载 MP3 文件(或者自己录制的文件)。对于初学者来说,使用下面的方法可以使播放过程简单一些。启动 Windows Media Player,然后让 Windows Media Player 搜索所有的音乐文件,并将这些音乐文件按照类别放置到"媒体库"中。具体操作方法如下:

①执行"开始"→"所有程序"→"附件"→"娱乐"→Windows Media Player 命令。这时,Windows Media Player 程序就打开了。

②选择"媒体库"选项卡。

③打开"工具"菜单,选择"搜索计算机中的媒体"命令,或者按 F3 键。

④单击"开始搜索"按钮,当搜索过程完成时,单击"关闭"按钮。

⑤这时计算机搜索到所有音乐文件都显示在"媒体库"左边的窗口中。

要播放一个曲目,只需双击即可。用户不必在每次使用播放器时重新搜索媒体。可以在刚开始使用播放器时搜索一次,然后定期搜索,将新的媒体添加到"媒体库"中。同时,还可以在"媒体库"中保存视频文件。这些文件都保存在文件树中的"视频文件夹"中,其播放方式与播放音频文件的方式是一样的。

下面列出了"媒体库"的一些功能:

①可以编辑曲目的属性,如"名称"或者"流派",编辑的方法是右键单击曲目,然后选择"编辑"命令。

②如果想只播放一个流派的作品,如"忧虑布鲁斯歌曲"或者"流行音乐",那么就打开

右上角的下拉列表,并从中选择一个流派。

③如果要创建一个"播放列表"(在这个列表中,所有的曲目不需要在播放时单独地选择一次),那么单击"新建播放列表",输入列表的名称,然后单击"确定"按钮,再将曲目拖到左边目录树中的"播放列表"中。

④如果想从"媒体库"中删除一个曲目,那么就先选中此曲目,然后按 Delete 键。这个操作并不从计算机的硬盘上删除曲目,当下一次从硬盘中搜索音频文件时,这个文件还会显示在"媒体库"中。

⑤可以根据某一性质如"流派"等对曲目排序,方法是单击列头。

⑥如果要改变某一列的显示宽度,可以向左或者向右拖动列之间的分界符。

> **知识扩展**
>
> ● 声音和视频文件格式非常多,如网络上经常可以见到的 RM(RMVB),SWF 等,需要相应的音(视)频播放器才能播放。目前较流行的音频播放器为"千千静听",视频播放器为"暴风影音",几乎可以播放各种格式的音(视)频文件。
>
> ● 部分菜单项后面会有诸如"Ctrl + C"快捷键,可以在不打开菜单的情况下,直接用这个组合键快速调用相应的菜单命令。

3. 使用 Windows Media Player10 刻录音乐 CD 光盘

(1)打开 Windows Media Player10

依次点击"开始"→"所有程序"→"Windows Media Player",或者"开始"→"所有程序"→"附件"→"娱乐"→"Windows Media Player"。

(2)把想要刻录的音乐添加到 Windows Media Player 的媒体库中

依次点击"媒体库"→"添加到媒体库"→"添加文件或者播放列表(F)",选择要刻录的音乐文件添加到"媒体库",如图 8 - 16 所示。

图 8-16　添加文件到媒体库

（3）显示音乐文件

选择"刻录"选项卡，在图中的下拉列表中选择"所有音乐"，这样添加到媒体库中的文件就会罗列出来，如图8-17所示。

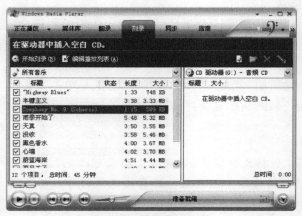

图8-17　选择音乐文件

（4）选择要刻录的音乐文件

在图8-17所示的窗口中，勾选要刻录到CD的音乐文件。

（5）刻录

单击"开始刻录"，此时，系统会提示放一张空白CD到光驱中。放入CD盘后，刻录开始。刻录分为两个过程，转换和刻录。当刻录完成后，用户就可以用这张CD聆听刚才所选择的音频文件了。

温馨提示

注意：单击"刻录"→"其他选项"命令，可以通过"选项"对话框自定义高级的刻录设置，以增强刻录效率。

本章小结

本节通过使用Windows Media Player10的案例，主要介绍了如何使用使用Windows Media Player10播放CD、MP3文件和其他数字音频文件，以及使用Windows Media Player刻录音乐CD光盘等，并且还介绍了流媒体的概念，流媒体播放方式和流媒体系统的组成。

（1）计算机中所指的媒体是指信息的表现形式（或者说传播形式），如声音、图像、图形、文字等，而"多媒体"常常不是指多种媒体本身，而主要是指处理和应用它的整套技术。多媒体技术就是具有集成性、实时性和交互性的计算机综合处理声、文、图信息的技术。

（2）多媒体中的媒体元素包括：文本、图形、图像、音频、动画、视频6种。

（3）流媒体是应用流技术在网络上传输的多媒体格式文件，而流技术就是把连续的动画、音视频等多媒体格式文件经过压缩处理后放上网站视频服务器，让用户一边下载一边观看、收听,而不需要等整个压缩文件下载到自己计算机后才可以观看的网络传输技术。

(4)本章介绍的多媒体计算机一般都是指多媒体个人计算机。所谓多媒体个人计算机就是具有了多媒体处理功能的个人计算机,它的硬件结构与一般所用的个人机并无太大的差别,只不过是多了一些软硬件配置而已。

(5)本章还介绍了 Windows XP 多媒体设备的安装和设置,以及调整 Windows XP 的多媒体属性设置以适应特有的工作环境。

(6)最后介绍了 Windows Media Player10 的使用。

习题 8

一、单项选择题

(1)在计算机内,多媒体数据最终是以(　　)形式存在的。
　　A. 不同的文字　　　　　　　　　B. 文字、图形、声音、动画和影视
　　C. 不同的输入码　　　　　　　　D. 键盘命令和鼠标操作

(2)(　　)不属于多媒体的关键特性。
　　A. 多样性　　　　B. 交互性　　　　C. 分时性　　　　D. 集成性

(3)声卡具有(　　)功能。
　　A. 数字音频　　　B. 音乐合成　　　C. MIDI 与音效　　D. 以上全是

(4)在计算机内,多媒体数据最终是以(　　)形式存在的。
　　A. 二进制代码　　B. 特殊的压缩码　　C. 模拟数据　　D. 图形

二、多项选择题

(1)要把一台普通的计算机变成多媒体计算机要解决的关键技术是(　　　　)。
　　A. 视频音频信号的获取　　　　　B. 多媒体数据压缩码和解码技术
　　C. 视频音频数据的实时处理和特技　D. 视频音频数据的输出技术

(2)多媒体技术未来发展的方向是(　　　　)。
　　A. 高分辨率,提高显示质量　　　　B. 高速度化,缩短处理时间
　　C. 简单化,便于操作　　　　　　　D. 智能化,提高信息识别能力

三、填空题

(1)多媒体技术的主要特点有:集成性、控制性、_____、_____、_____、信息使用的方便性、信息结构的动态性。

(2)多媒体中的媒体元素包括文本、_____、_____、音频、动画、视频六种。

(3)流媒体播放方式一般包括单播、_____、_____。

(4)流媒体系统包括以下 5 个方面的内容:编码工具、_____、_____、_____、播放器。

四、判断题

(1)声音的质量越高,采样频率越高。　　　　　　　　　　　　　　(　　)

(2)多媒体是指多种媒体的综合应用。　　　　　　　　　　　　　　(　　)

第九章 计算机安全防护

本章将简要介绍计算机安全和计算机安全技术,计算机病毒及杀毒软件、系统安全防护工具的安装和使用,同时本章还将简要介绍计算机系统信息安全保护的法律和法规等内容。

知识目标

◆ 了解计算机安全、计算机安全技术的基本概念。
◆ 了解计算机系统安全保护的基本法律法规。
◆ 掌握计算机病毒的相关概念。
◆ 理解计算机病毒的防护。

能力目标

◆ 熟练运用瑞星杀毒软件对计算机系统进行病毒检测和处理。
◆ 熟练运用系统安全防护工具360安全卫士对计算机系统进行安全防护。

任务一 了解计算机安全技术的基础知识

一、任务描述

小唐是一名"准大学生",高考结束后在一家公司信息部实习,具体工作是协助部门主管对公司计算机进行安全维护。上岗前小唐认为计算机安全维护就是排除机器故障、保证网络畅通,上岗后才发现计算机安全包含很多方面,他希望能够全面地了解计算机安全技术的基础知识。为此在图书馆借阅了计算机安全技术方面的图书,在网上搜索了部分资料。

二、任务准备

什么是计算机安全?

国际标准化组织(OSI)的定义是"数据处理系统建立和采取的技术和管理的安全保护,保护计算机硬件、软件和数据不因偶然的或恶意的原因而遭到破坏、更改、显露"。

美国国防部国家计算机安全中心的定义是"要讨论计算机安全首先必须讨论对安全需求的陈述……一般说来,安全的系统会利用一些专门的安全特性来控制对信息的访问,只有经过适当授权的人,或者以这些人的名义进行的进程可以读、写、创建和删除这些信息"。

我国公安部计算机管理监察司的定义是"计算机安全是指计算机资产安全,即计算机信息系统资源和信息资源不受自然和人为有害因素的威胁和危害"。

三、任务实施

国务院 1994 年 2 月 18 日颁布的《中华人民共和国计算机信息系统安全保护条例》第一章第三条的定义:计算机信息系统的安全保护,应当保障计算机及其相关的配套的设备、设施(含网络)的安全,运行环境的安全,保障信息的安全,保障计算机功能的正常发挥,以维护计算机信息系统的安全运行。根据定义可知,计算机的安全大致分为三类:一是实体安全,包括机房、线路,主机等;二是网络与信息安全,包括网络的畅通、准确及其网上的信息安全;三是运行安全,包括程序开发运行、输入输出、数据库等的安全。

1. 实体安全

实体安全是指为了保证计算机信息系统安全可靠运行,确保在对信息进行采集、处理、传输和存储过程中,不因人为或自然因素的危害,使信息丢失,泄密或破坏,而对计算机设备、设施、环境、人员等采取的适当的安全措施。

实体安全技术主要包括以下两个方面:

● 环境安全:主要是对计算机信息系统所在环境的区域保护和灾难保护。要求计算机场地要有防火、防水、防盗措施和设施,有拦截、屏蔽、均压分流、接地防雷等设施,有防静电、防尘设备,温度、湿度和洁净度在一定的控制范围等。

● 设备安全:主要是对计算机信息系统设备的安全保护,包括设备的防毁、防盗、防止电磁信号辐射泄漏、防止线路截获,以及对存储器和外部设备的保护等。

2. 网络与信息安全

网络与信息安全是指网络或系统的硬件、软件及其系统中的数据受到保护,不因偶然的或者恶意的原因而遭受到破坏、更改、泄露,系统连续可靠正常地运行,网络服务不中断。

任何单一的网络安全技术都无法解决网络与信息安全的全部问题。首先应增强安全意识:用户特别注意不要随意打开、运行来历不明的电子邮件及文件,避免从网络上下载不知名的软件、游戏程序,加强密码设置及管理,及时下载和安装系统补丁程序,备份重要的个人资料。

网络与信息安全技术主要包括以下3个方面:

- 访问控制:进行用户身份验证,设置用户访问文件的权限,控制网络设备配置的权限等,对用户访问网络资源的权限进行严格的认证和控制。
- 信息加密:加密的作用是保障信息被人截获后不能被其读懂其中的含义。加密是保护数据安全的重要手段。
- 防火墙技术:防火墙技术是在内部网与Internet之间所设的安全防护系统,通过对网络的隔离和限制访问等方法来控制网络的访问权限。

3.运行安全

运行安全就是保障应用程序使用过程和结果的安全。针对应用程序或工具在使用过程中可能出现计算、传输数据的泄露和失窃,通过其他安全工具或策略来消除隐患。

运行安全技术主要包括以下4个方面:

- 风险分析:对计算机信息系统可能遭到攻击的部位及防御能力进行评估和预测。
- 审计跟踪:采用一些技术手段对计算机信息系统的运行状况及用户使用情况进行跟踪记录。
- 应急措施:应急措施主要包括关键部分的整机备份、设备主要配件备份、数据备份、电源备份等。
- 容错技术:使系统能够发现并确认错误,给用户以错误提示,并纠正错误。

任务二　查杀计算机病毒(瑞星杀毒软件)

一、任务描述

某天,公司王秘书反映最近一段时间她的计算机运行速度越来越慢,已经严重影响到正常使用。主管带着小唐来到现场,经过主管检查,判断王秘书的计算机中了"木马"病毒,需要进行病毒查杀。主管在王秘书计算机上安装了瑞星杀毒软件,很快解决了问题。计算机中毒?怎么中毒的?瑞星杀毒软件怎么使用?小唐充满了疑惑。

计算机病毒是计算机软件技术发展过程中的负面产物,它是信息系统和网络安全的致命杀手,如何有效地检测和防治计算机病毒,已经成为社会普遍关心的问题。一批专业的软件公司开发了专门用于计算机病毒防治的软件。比如瑞星杀毒软件,它有巨大的病毒代码库,版本更新方便快捷,具有病毒查杀、实时监控、病毒库升级的功能,能查杀变体及未知病毒,是一款效率高,风险小,操作简单的杀毒软件。

二、任务准备

1. 计算机病毒

计算机病毒(Computer Virus)在《中华人民共和国计算机信息系统安全保护条例》中被明确定义,是指"编制或者在计算机程序中插入的破坏计算机功能或者破坏数据,影响计算机使用并且能够自我复制的一组计算机指令或者程序代码"。

2. 计算机病毒的特点

● 寄生性:计算机病毒寄生在其他程序之中,当执行这个程序时,病毒就起破坏作用,而在未启动这个程序之前,它是不易被人发觉的。

● 传染性:计算机病毒通过各种渠道从已被感染的计算机扩散到未被感染的计算机,在某些情况下造成被感染的计算机工作失常甚至瘫痪。计算机病毒一旦被复制或产生变种,其速度之快令人难以预防。

● 潜伏性:有些病毒像定时炸弹一样,让它什么时间发作是预先设计好的。比如黑色星期五病毒,不到预定时间一点都觉察不出来,等到条件具备的时候一下子就爆炸开来,对系统进行破坏。

● 隐蔽性:有的病毒可以通过病毒软件检查出来,有的根本就查不出来,有的时隐时现、变化无常,这类病毒处理起来通常很困难。

● 破坏性:计算机中毒后,可能会导致正常的程序无法运行,把计算机内的文件删除或不同程度的损坏。

● 可触发性:计算机病毒具有预定的触发条件,这些条件可能是时间、日期、文件类型或某些特定数据等。病毒运行时,触发机制检查预定条件是否满足,如果满足,启动感染或破坏动作,病毒进行感染或攻击;如果不满足,病毒继续潜伏。

3. 计算机病毒的症状

● 计算机系统运行速度减慢。
● 计算机系统经常无故发生死机。
● 计算机系统中的文件长度发生变化。
● 计算机存储的容量异常减少。
● 丢失文件或文件损坏。
● 计算机屏幕上出现异常显示。
● 计算机系统的蜂鸣器出现异常声响。
● 对存储系统异常访问。
● 文件的日期、时间、属性等发生变化。
● 文件无法正确读取、复制或打开。
● 命令执行出现错误。

- WINDOWS 操作系统无故频繁出现错误。
- 系统异常重新启动。

4. 计算机病毒的主要传播途径

- 移动存储介质传播：比如 U 盘、移动硬盘等。从别人的计算机中复制资料到移动存储介质上，再将移动存储介质拿到自己的计算机中使用，这一环节，可能使用户的计算机感染上计算机病毒了。

- 网络传播：信息技术的进步为计算机病毒的传播提供了新的"高速公路"。计算机病毒附着在正常文件中通过网络进入一个又一个系统，网络传播成为病毒传播的第一途径。

- 下载传播：很多下载的资源中都会夹带木马、后门、蠕虫病毒或插件，进而危害网民的计算机安全。

5. 计算机病毒的分类

计算机病毒的分类方法有很多种，根据病毒的不同特性，常见的分类方法有以下几种。

（1）按照破坏性质分类

- 良性病毒：是指其不包含对计算机系统产生直接破坏作用的代码。这类病毒为了表现其存在，只是不停地进行扩散，从一台计算机传染到另一台，并不破坏计算机内的数据。有些的表现只是恶作剧。这类病毒取得系统控制权后，会导致整个系统的运行效率降低，系统可用内存总数减少，使某些应用程序暂时无法执行。

- 恶性病毒：是指在其代码中包含损伤和破坏计算机系统的操作，在其传染或发作时会对系统产生直接的破坏作用，有的病毒甚至还会对硬盘做格式化等破坏操作。例如，米开朗基罗病毒，病毒发作时，硬盘的前 17 个扇区将被彻底破坏，使整个硬盘上的数据无法被恢复。

（2）按照寄生部位分类

- 磁盘引导型病毒：用病毒的全部或部分逻辑取代正常的引导记录，而将正常的引导记录隐藏在磁盘的其他地方。由于引导区是磁盘能正常使用的先决条件，因此，这种病毒在运行的一开始就能获得控制权，其传染性较大。例如，"大麻"和"小球"病毒。

- 操作系统型病毒：操作系统是计算机应用程序得以运行的支持环境，由 .SYS、.EXE 和 .DLL 等许多可执行的程序及程序模块构成。操作系统型病毒就是利用操作系统中的一些程序及程序模块寄生并传染的病毒。操作系统的开放性和不完善性给这类病毒出现的可能性与传染性提供了方便。例如，"黑色星期五"病毒。

- 可执行文件型病毒：可执行文件型病毒通常寄生在可执行程序中，一旦程序被执行病毒就会被激活，病毒程序首先被执行，并将自身驻留内存，然后设置触发条件进行传染。

- 宏病毒：是寄存于文档或模板的宏中的计算机病毒。一旦打开这样的文档，宏病毒就会被激活并转移到计算机上，并且驻留在 Normal 模板中。从此以后，所有自动保存的文档都会感染上这种宏病毒，而且，如果其他用户打开了已感染病毒的文档，宏病毒又会转移到该用户的计算机中。

6. 计算机病毒的防治

计算机病毒的防治必须从管理和技术两方面采取有效措施,以防止病毒的入侵。

在日常工作中,防止病毒感染的主要措施有:

①使用正版杀毒软件,定期对所用系统进行检查,及时升级。

②不要随意使用来历不明 U 盘、盗版光盘。必须使用时,务必先用杀毒软件对其进行检查。

③杜绝下载、使用来历不明的软件,不轻易浏览不明网页,不轻易打开来历不明的电子邮件及其附件。

④合理设置硬盘分区,预留补救措施。一般 C 盘宜采用 FAT32 格式,容量应大于 1G。

⑤重要数据和重要文件一定要经常做备份。

三、任务实施

1. 安装瑞星杀毒软件

①从(http://pc.rising.com.cn/rav.html)站点下载瑞星安装程序。

②双击安装程序图标,弹出"自动安装程序"对话框。在"瑞星软件语言设置程序"对话框中选择"中文简体""中文繁体""English"三种语言中的"中文简体",单击"确定"按钮开始安装。

③如果用户安装了其他的安全软件,再安装瑞星杀毒软件会产生问题,此时,会显示提示界面,建议用户卸载其他的安全软件,但用户仍可强制安装瑞星杀毒软件,单击"下一步"弹出"最终用户许可协议"对话框。选择"我接受"按钮,再单击"下一步"按钮。

④在弹出的"定制安装"对话框中,选择"典型安装""全部安装"或"最小安装"中的其中一种,需要安装的组件,单击"下一步"按钮。

⑤在弹出的"选择目标文件夹"对话框中,选择瑞星杀毒软件的安装目录,在"安装信息"对话框中,核对安装路径和所选程序组件等信息,继续安装;文件复制完成后,在"结束"对话框中,可以选择"启动瑞星设置向导""启动瑞星杀毒软件注册向导""启动瑞星杀毒软件"3 项来启动相应程序进行设置;最后单击"完成"按钮结束安装。

2. 使用瑞星杀毒软件

①双击"瑞星杀毒软件"应用程序图标,弹出如图 9-1 所示的"瑞星杀毒软件"对话框。

②单击"设置"按钮,弹出"瑞星杀毒软件设置"对话框,可对瑞星杀毒软件进行"查杀设置""升级设置""高级设置"。

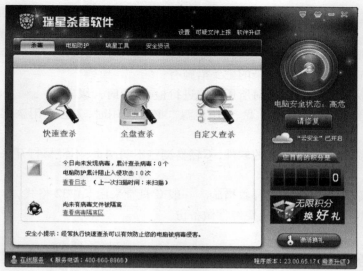

图 9-1 "瑞星杀毒软件"对话框

③单击"杀毒"按钮,选择"快速查杀""全盘查杀""自定义查杀"3 种查杀方式中的一种进行查杀。"快速查杀"用于扫描、查杀病毒易于存在的系统位置,如内存等关键区域;"全盘查杀"用于扫描、查杀系统关键位置及所有磁盘;"自定义查杀"用于扫描、查杀用户指定位置。

④单击"电脑防护"按钮,可开启"文件监控""U 盘防护""木马防御"等防护方式。单击"瑞星工具"按钮,可获得瑞星提供的系列专杀工具。

任务三　清理计算机系统垃圾

一、任务描述

某天,公司李副总找到信息部,反映近期自己的计算机出现了异常情况,计算机反应速度变慢,用瑞星杀毒软件查杀也没有发现病毒。小唐和主管来到李副总办公室,对计算机进行了检查,判断是过多的插件和系统垃圾影响到系统的性能。主管在李副总的计算机上安装了 360 安全卫士,很快解决了问题。如何使用 360 安全卫士进行系统垃圾处理、插件清理,小唐从主管那里又学到了一招。

360 安全卫士是一款由奇虎网推出的功能强、效果好、受用户欢迎的上网安全防护软件。360 安全卫士拥有查杀木马、清理插件、修复漏洞、电脑体检、保护隐私等多种功能,并独创了"木马防火墙""360 密盘"等功能,依靠抢先侦测和云端鉴别,可全面、智能地拦截各类木马,保护用户的账号、隐私等重要信息。

二、任务实施

1. 360 安全卫士的安装

①从（http://www.360.cn/）站点下载 360 安全卫士安装程序。

②双击 360 安全卫士安装程序图标，弹出"安装程序"对话框，选择"我已阅读并同意"许可协议。

③单击"自定义"按钮，弹出"程序安装目录"对话框，通过浏览按钮自定义 360 安全卫士安装目录，单击"下一步"按钮开始程序安装。

2. 360 安全卫士的使用

①双击"360 安全卫士"应用程序图标，弹出如图 9-2 所示"360 安全卫士"窗口。

图 9-2 "360 安全卫士"窗口

②单击"电脑清理"按钮，选择"清理插件"选项卡，单击"开始扫描"按钮，结果会显示在窗口中，如图 9-3 所示。根据扫描提示和清理建议，可以按需进行清理。定时清理插件可以给系统"减负"，提高系统、浏览器速度。选择"清理垃圾"选项卡，单击"开始扫描"按钮，即可对"上网浏览产生的缓存文件""看视频听音乐产生的垃圾文件""应用程序垃圾文件""Windows 系统垃圾文件""手机辅助类软件产生的缓存"等进行扫描和处理，增加系统可用空间，提升了运行速度。单击"一键清理"选项卡，可以更轻松地清理计算机中的"垃圾""不必要的插件""上网痕迹""注册表中的多余项目"等多个项目。也可以"一键清理"选项卡中设置"自动清理"，让软件在系统空闲时间全面清理计算机垃圾、插件和痕迹。

图9-3 "清理插件"窗口

③除"电脑清理"功能外,360安全卫士还提供了其他有用的功能。通过"木马查杀"定期扫描计算机,可以及时发现并处理安全威胁;"漏洞修复"可根据计算机情况及时、智能安装补丁;"系统修复"可以修复异常系统设置、上网设置;"优化加速"可以鉴定开机速度、优化开机启动项目;"电脑门诊"提供专业的计算机异常处理方案;"软件管家"提供了常用软件的安装、升级,计算机软件的卸载;"功能大全"中包含了360安全卫士提供了小工具。所有操作都是一键执行,简单快捷。

任务四　了解计算机系统信息安全保护的法律和法规

一、任务描述

公司里的方总给信息部下达了一个任务,在下次公司业务学习的时候,由信息部组织全公司职工学习、了解计算机系统信息安全保护方面的法律和法规,业务部主管把收集材料的任务交给了小唐,小唐加班查阅了很多资料,终于把相关法律和法规找齐。我国关于计算机系统信息安全保护的法律和法规包括安全保护、联网管理、密码管理、病毒检测等方面。

二、任务实施

为促进和规范信息化建设的管理,保护信息化建设健康有序发展,我国政府结合信息化建设的实际情况,制订了一系列法律和法规,主要包括下面 5 个方面。

1. 信息系统安全保护

作为我国第一个关于信息系统安全方面的法规,《中华人民共和国计算机信息系统安全保护条例》是国务院于 1994 年 2 月 18 日发布的,目的是保护信息系统的安全,促进计算机的应用和发展。主要内容包括:

- 公安部主管全国的计算机信息系统安全保护工作。
- 计算机信息系统实行安全等级保护。
- 健全安全管理制度。
- 国家对计算机信息系统安全专用产品的销售实行许可证制度。
- 公安机关行使监督职权,包括监督、检查、指导和查处危害信息系统安全的违法犯罪案件等。

2. 国际联网管理

加强对计算机信息系统国际联网的管理,是保障信息系统安全的关键。国务院、公安部等单位共同制定了 6 个关于国际联网的法规:

(1)《中华人民共和国计算机信息网络国际联网管理暂行规定》

国务院于 1996 年 2 月 1 日发布《中华人民共和国计算机信息网络管理暂行规定》,并根据 1997 年 5 月 20 日《国务院关于修改〈中华人民共和国计算机信息网络国际联网管理暂行规定〉的决定》进行了修正,共 17 条。它体现了国家对国际联网实行统筹规划、统一标准、分级管理、促进发展的原则。

(2)《中华人民共和国计算机信息网络国际联网管理暂行规定实施办法》

国务院信息化工作领导小组于 1997 年 12 月 8 日发布《中华人民共和国计算机信息网络国际联网管理暂行规定实施办法》,它是根据《中华人民共和国计算机信息网络国际联网管理暂行规定》而制定的具体实施办法,共 25 条。

(3)《计算机信息网络国际联网安全保护管理办法》

1997 年 12 月 11 日经国务院批准、公安部于 1997 年 12 月 30 日发布《计算机信息网络国际联网安全保护管理办法》,分 5 章共 25 条,目的是加强国际联网的安全保护。

(4)《中国公用计算机互联网国际联网管理办法》

原邮电部于 1996 年发布《中国公用计算机互联网国际联网管理办法》,共 17 条,目的是加强对中国公用计算机互联网 Chinanet 国际联网的管理。

(5)《计算机信息网络国际联网出入口信道管理办法》

原邮电部于 1996 年发布《计算机信息网络国际联网入口信息管理办法》,共 11 条,目的是加强计算机信息网络国际联网出入口信道的管理。

(6)《计算机信息系统国际联网保密管理规定》

国家保密局于 2000 年 1 月 1 日发布《计算机信息系统国际联网保密管理规定》,分 4 章共 20 条,目的是加强国际联网的保密管理,确保国家秘密的安全。

3．商用密码管理

《商用密码管理条例》是国务院于1999年10月7日发布的,分7章共27条,目的是加强商用密码管理,保护信息安全,保护公民和组织的合法权益,维护国家的安全和利益。

4．计算机病毒防治

《计算机病毒防治管理办法》是公安部于2000年4月26日发布,共22条,目的是加强对计算机病毒的预防和治理,保护计算机信息系统安全。

5．安全产品检测与销售

《计算机信息系统安全专用产品检测和销售许可证管理办法》是公安部于1997年12月12日发布并执行的,分6章共19条,目的是加强计算机信息系统安全专用产品的管理,保证安全专用产品的安全功能,维护计算机信息系统的安全。

6．知识产权保护

《中华人民共和国计算机软件保护条例》于1991年6月颁布,目的是对中国公民和单位所开发的软件的著作权的保护。

本章小结

(1)计算机安全是指计算机资产安全,即计算机信息系统资源和信息资源不受自然和人为有害因素的威胁和危害。

(2)根据《中华人民共和国计算机信息系统安全保护条例》第一章第三条的定义,计算机的安全大致分为三类:一是实体安全;二是网络与信息安全;三是运行安全。

(3)计算机病毒(Computer Virus)指"编制或者在计算机程序中插入的破坏计算机功能或者破坏数据,影响计算机使用并且能够自我复制的一组计算机指令或者程序代码"。

(4)计算机病毒具有寄生性、传染性、潜伏性、隐蔽性、破坏性、可触发性等特点。

(5)计算机必须从管理和技术两方面采取有效措施,防止病毒的入侵。

(6)计算机系统信息安全保护的法律法规主要包括信息系统安全保护、国际联网管理、商用密码管理、计算机病毒防治、安全产品检测与销售、知识产权保护6大方面。

习题 9

一、单项选择题

(1)计算机病毒指的是( )。

    A.编制有错误的计算机程序

    B.设计不完善的计算机程序

　　C.计算机的程序已被破坏

　　D.以危害系统为目的的特殊的计算机程序

（2）计算机病毒主要造成（　　）。

　　A、磁盘的损坏　　　　　　　　　B.CPU 的损坏

　　C.磁盘驱动器的损坏　　　　　　D.程序和数据被破坏

（3）我国的《计算机软件保护条例》是（　　）年颁布的。

　　A.1991　　　　　　B.1992　　　　　　C.2000　　　　　　D.2001

（4）防止 U 盘感染病毒的有效办法是（　　）。

　　A.定期打扫卫生　　　　　　　　B.不与其他存储介质放在一起

　　C.将写保护口置于写保护状态　　D.定期对 U 盘进行格式化

二、多项选择题

（1）计算机病毒的传播途径有（　　　　）。

　　A、网络　　　　　B.软盘　　　　　C.U 盘　　　　　D.更换 CPU

（2）计算机信息系统的安全范畴包括（　　　）。

　　A、实体安全　　　B.网络安全　　　C.信息安全　　　D.运行安全

（3）不能被计算机病毒感染的存储介质是（　　　）。

　　A.CD-ROM　　　　B.U 盘　　　　　C.写保护软盘　　　D.硬盘

三、填空题

计算机安全可以分为_____、_____、_____三类。

四、判断题

（1）计算机病毒是一种能够把自身拷贝到其他程序体内的程序。　　　（　　）

（2）计算机病毒只能通过网络传播。　　　（　　）

（3）计算机病毒一般作为一个文件保存在磁盘中。　　　（　　）

（4）任何人都可以在网络上发表任何言论或信息。　　　（　　）

（5）我们可以通过设计病毒的方式惩罚盗版行为。　　　（　　）

实训　优化开机速度

【实训描述】

小唐的计算机开机时,总会弹出一些应用程序,影响到开机速度。小王应该怎样才能优化开机速度呢? 360 安全卫士、Windows 优化大师等两款软件都提供了"开机速度优化"的功能模块,这个模块通过智能分析计算机系统,帮助用户优化开机启动项目。

【实训要求】

（1）熟练掌握 360 安全卫士的安装、设置。

（2）熟练运用 360 安全卫士优化开机速度。

（3）熟练运用 360 安全卫士进行一键优化。

第十章 计算机常用软件的使用

本章将简要介绍计算机中最常用的几款工具软件的使用方法,包括:文件压缩工具、数据恢复工具、系统检测、"瘦身"工具、硬盘备份工具、媒体播放工具、电子图书阅读工具、光盘刻录工具、翻译工具8种常用工具软件。

能力目标

◆ 熟练运用文件压缩工具 WinRAR 进行文件压缩、解压。
◆ 熟练运用数据恢复工具 EasyRecovery 实现误删除文件的恢复。
◆ 熟练运用系统检测工具 Windows 优化大师进行系统检测。
◆ 熟练运用硬盘备份工具 Ghost 进行系统数据备份与恢复。
◆ 熟练运用媒体播放工具千千静听和暴风影音播放音、视频文件。
◆ 熟练运用电子图书阅读工具 Adobe Reader 查看、阅读 PDF 文件。
◆ 熟练运用光盘刻录工具 Nero 刻录光盘。
◆ 熟练运用翻译工具金山词霸、有道实现中英文翻译。

任务一 文件的压缩与解压(WinRAR)

一、任务描述

小王从网络上下载了很多资料保存在计算机中用于学习。某天一位朋友请求小王帮忙找一下计算机一级考试的复习资料,恰好小王收集了不少,小王决定通过 QQ 传给他。由于文件个数较多。朋友建议小王将多个文件压缩成一个文件。

将多个文件压缩成一个文件可以使用压缩软件来解决。压缩软件在日常生活、工作和学习中用得很广泛。使用文件压缩工具,可以在不损坏文件信息的前提下减少文件占用的磁盘空间,同时还可以方便快捷地恢复原文件的所有信息,既能节约磁盘空间,又能提高文件转移或传输的速度。WinRAR 是一款强大的文件压缩工具,具有压缩率高、速度快、界面友好、使用方便等特点,除支持最常用的 RAR 和 ZIP 格式的压缩文件外,还支持 ARJ,CAB,

LZH，ACE，TAR，GZ，UUE，BZ2，JAR，ISO 等格式的压缩文件。

二、任务实施

1. 软件的下载及安装

①从 WinRAR 官网（http：//www. winrar. com. cn/）下载 WinRAR 简体中文版。

②双击 WinRAR 简体中文版安装程序图标，选择软件安装路径，对关联文件和界面等进行设置，一般情况按照默认选项，直至安装完成。

2. 快速压缩

①打开资源管理器，选中要压缩的单个或多个文件、文件夹，单击鼠标右键，在快捷菜单中选择"添加到压缩文件"菜单项，弹出图 10-1 所示的"压缩文件名和参数"对话框。

图 10-1　"压缩文件名和参数"对话框

②在对话框中进行"压缩文件名"、保存路径等参数的修改，单击"确定"按钮完成文件的快速压缩。

3. 快速解压

①打开资源管理器，选中需要解压的文件，单击鼠标右键，在右键快捷菜单中单击"解压文件"菜单项，弹出图 10-2 所示的"解压路径和选项"对话框。

②在对话框中进行"目标路径""覆盖方式"等选项的修改，单击"确定"按钮完成文件的快速解压。

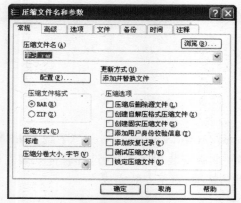

图 10-2　"解压路径和选项"对话框

任务二　恢复误删除文件(EasyRecovery)

一、任务描述

一天,小王在整理计算机中文件时,删除了一些文档文件,并且对回收站进行了清空,却把平时作业的电子文档给误删除了,如何对文件进行恢复呢?

文件删除后,一般情况可以在回收站进行还原。回收站被清空,或者文件被完全删除(Shift + Delete),在保证硬盘没有物理损坏、原文件块没有被覆盖的前提下,可以通过数据恢复工具进行恢复。EasyRecovery 是世界著名数据恢复公司 Kroll Ontrack 的一款数据恢复工具,可以在内存中重建文件分区表使得数据能够安全地传输到其他驱动器中,可以从被病毒破坏或是已经格式化的硬盘中恢复数据,还可以对微软的 Office 系列文档进行修复。它包括磁盘诊断、数据恢复、文件修复、邮件修复 4 个类别的各种数据文件修复和磁盘诊断方案。

二、任务实施

1. 查找并恢复已删除的文档

①双击 EasyRecovery 应用程序图标,启动"主界面"窗口,单击"数据恢复"按钮,切换到如图 10-3 所示"数据恢复"窗口。

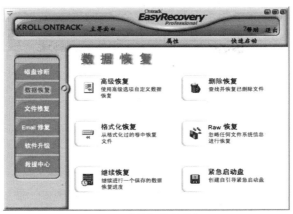

图 10-3 "数据恢复"窗口

②单击"删除恢复"图标,弹出如图 10-4 所示"删除恢复"窗口。选择待恢复已删除文件的分区,在"文件过滤器"中选择文件类型,单击"前进"按钮,扫描可恢复文件。

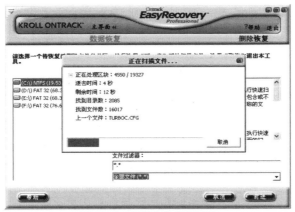

图 10-4 "删除恢复"窗口

③扫描结束后,在如图 10-5 所示图中勾选希望恢复的文件,单击"前进"按钮,选择数据恢复目标,即可在进行恢复工作。

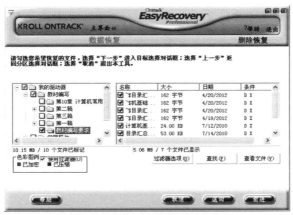

图 10-5 "选中要恢复文件"窗口

2. 磁盘诊断

在"主界面"窗口,单击"磁盘诊断"按钮,切换到"磁盘诊断"窗口。单击"驱动器测试"图标,测试驱动器以寻找潜在的硬件问题;单击"SMART 测试"图标,监视并报告潜在的磁盘驱动器问题;单击"空间管理器"图标,查看磁盘驱动器空间使用的详细信息;单击"跳线查看"图标,查找 IDE/ATA 磁盘驱动器的跳线设置;单击"分区测试"图标,分析现有的文件系统结构;单击"数据顾问"图标,创建自引导诊断工具。

3. 文件修复

在"主界面"窗口,单击"文件修复"按钮,切换到"文件修复"窗口,根据文件类型,选择相应的按钮。

4. 电子邮件恢复

在"主界面"窗口,单击"Email"按钮,切换到"Email 恢复"窗口。单击"Outlook 修复"图标,修复损坏的 Microsoft Outlook 文件;单击"Outlook Express 修复"图标,修复损坏的 Microsoft Outlook Express 文件。

任务三 检测系统信息(Windows 优化大师)

一、任务描述

小王在 QQ 上和好友聊天,谈到购买组装计算机的有关话题,好友提醒组装计算机容易遇到奸商,比如内存可以用旧款芯片打磨而来。怎么才能了解所购买的组装计算机的硬件情况呢?

Windows 系统自身提供了一些内置工具,如"设备管理器"等可以简单地查看所有安装在计算机上的硬件设备的属性,但这些软件功能不够全面,Windows 优化大师弥补了不足。Windows 优化大师是一款功能强大的系统检测、"瘦身"工具,它提供了全面有效且简便安全的系统检测、系统优化、系统清理、系统维护 4 大功能模块,能够有效地帮助用户了解自己的计算机软硬件信息、简化操作系统设置步骤、提升计算机运行效率、清理系统运行时产生的垃圾、修复系统故障及安全漏洞、维护系统的正常运转。

二、任务实施

1. 系统硬件检测

①从 Windows 优化大师的官方网站(http://www.youhua.com/)下载软件,按照安装向

导步骤完成安装。

②双击应用程序图标,启动"Windows 优化大师"窗口,单击"系统检测"按钮切换到如图 10-6 所示"系统检测"窗口,在列表中选择"系统信息总览",可查看硬件基本信息。

图 10-6　"系统检测"窗口

③单击"硬件详情"按钮,弹出如图 10-7 所示 Windows 优化大师工具"鲁大师"窗口,在列表中选择需要检测的硬件"处理器""主板""内存""硬盘""显卡""显示器""光驱""网卡""声卡"等可查看相应的信息。例如选择"内存信息",可查看内存品牌、制造日期、型号等具体信息。

图 10-7　"鲁大师"窗口

2. 系统优化

在"Windows 优化大师"程序窗口,选择"系统优化"按钮,切换到"系统优化"窗口,按照用户需求,单击相应的按钮,可进行包括"磁盘缓存优化""桌面菜单优化""文件系统优化""网络系统优化""开机速度优化""系统安全优化""系统个性设置""后台服务优化"和"自定义设置项"等系统优化方面的服务。

3.系统清理

在"Windows 优化大师"程序窗口,选择"系统清理"按钮,切换到"系统清理"窗口,按照用户需求,单击相应的按钮,可进行包括"注册信息清理""磁盘文件管理""冗余 DLL 清理""ActiveX 清理""软件智能卸载""历史痕迹清理"和"安装补丁清理"等系统清理方面的服务。

4.系统维护

在"Windows 优化大师"程序窗口,选择"系统维护"按钮,切换到"系统维护"窗口,按照用户需求,单击相应的按钮,可进行包括"系统磁盘医生""磁盘碎片整理""驱动智能备份""其他设置选项""系统维护日志"等系统维护方面的服务。

任务四　备份你的硬盘(Ghost)

一、任务描述

小王的计算机系统崩溃,需要重装系统,安装板卡驱动程序和各种应用软件,他花费了大半天时间还没有解决问题。小王应该用什么办法,才能快速恢复系统和数据?

小王在网上进行了搜索,找到了一款软件 Ghost。这是一款用于系统数据备份与恢复的工具,它可以高速、可靠、稳定地将任意一个磁盘分区乃至整个磁盘的内容备份下来,当用户碰到系统崩溃时,可通过 Ghost 及时恢复。Ghost 不但可以把一个硬盘中全部内容完全相同地复制到另一个硬盘中,还可以将一个磁盘中的全部内容复制为一个磁盘映像文件备份至另一个磁盘中,之后通过映像文件还原系统或数据,最大限度地减少安装操作系统和恢复系统的时间。

二、任务实施

1.备份系统

①安装好 Ghost 软件后,双击图标启动如图 10-8 所示"Ghost 主界面"窗口。

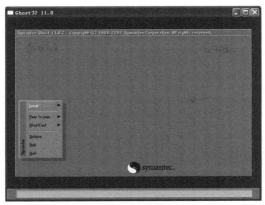

图 10-8　"Ghost 主界面"窗口

②单击"local"菜单,在下级菜单中选择"partition"子菜单,在"partition"子菜单中单击"to image"选项,弹出如图 10-9 所示"选择分区"对话框,单击选择要备份的分区,单击"OK"按钮。

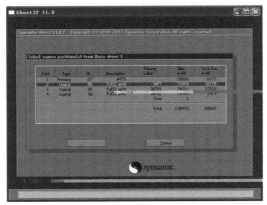

图 10-9　"选择分区"对话框

③在弹出的 10-10 所示"保存设置"对话框中,对备份的镜像文件设置保存路径,自定义名字,单击"Save"按钮即可进行备份。

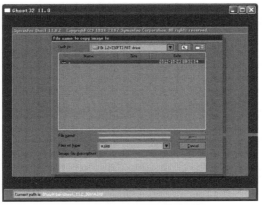

图 10-10　"保存设置"对话框

2. 还原系统

①在双击启动图 10-8 所示"Ghost 主界面"窗口中,单击"local"菜单,在下级菜单中单击"partition"子菜单。

②在"partition"子菜单中单击"from image"子菜单,弹出如图 10-11 所示"选择镜像文件"对话框,在对话框中选择镜像文件(扩展名为.gho),单击"Open"按钮。

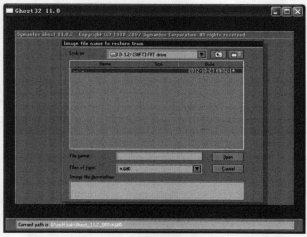

图 10-11 "选择镜像文件"对话框

技高一筹

"local"菜单包括备份和还原所需的二级菜单,"local"菜单具体功能如表 10-1 所示。

表 10-1 "local"菜单

一级菜单	二级菜单	硬盘操作选项
disk	To disk	硬盘对硬盘完全复制
	To image	硬盘内容备份成镜像文件
	From image	从镜像文件恢复到原来硬盘
partition	To partition	分区对分区完全复制
	To image	分区内容备份成镜像文件
	From image	从镜像文件恢复到分区
chech	Image file	检查已存储的镜像文件
	disk	检查硬盘选项

任务五　播放音、视频文件(千千静听、暴风影音)

一、任务描述

学院组织联欢会,要求每个班级都要推荐节目参加。小王他们班决定将一款在国内综艺节目中出现的现代舞《青花瓷》作为演出节目。在网上进行了搜索,找到了视频和伴奏。下载后发现,直接双击文件却不能正常打开,用操作系统自带的 Windows Media Player 也不行,怎么办? 下面推荐两款软件,用于音、视频文件的播放。

千千静听是一款音乐播放软件,拥有自主研发的音频引擎,集播放、音效、转换、歌词等众多功能于一身,支持几乎所有的常见的音频格式,包括 MP3、WAVE、CD、RM、MIDI 等,支持 DirectSound、Kernel Streaming 和 ASIO 等高级音频流输出方式、64 比特混音、AddIn 插件扩展技术,具有资源占用低、运行效率高,扩展能力强等特点。

暴风影音是一款是目前支持格式最多的视频播放软件,兼容大多数的视频和音频格式。它提供和升级了对常见绝大多数影音文件和流的支持,包括 RealMedia、QuickTime、MPEG4、FLV 等流行视频格式,3GP、MP4、OGM 等媒体封装及字幕支持等。

二、任务实施

1. 用千千静听播放音频文件

①从千千静听官方网站上(http://ttplayer.qianqian.com/)下载千千静听,双击安装程序图标,根据安装程序向导提示进行安装。

②双击启动如图 10-12 所示"千千静听"主界面,该界面由"千千静听""播放列表""歌词秀""均衡器""音乐窗"5 个窗口组成。

③在"播放列表"窗口单击"添加"按钮,在弹出菜单中选择"文件"子菜单,在弹出"打开"对话框中选择需要播放的音频文件,即可将需要播放的文件添加到播放列表中。

④可以按照下列方法之一播放歌曲:

● 在"播放列表"窗口中双击需要播放的音频文件,弹出"下载歌词"对话框,选择下载或取消歌词,即可播放相应文件;

● 在"播放列表"窗口单击左键选择需要播放的音频文件,在"千千静听"窗口单击"播放"按钮或在键盘上按下"F5"键;

● 在"音乐窗"窗口可搜索网络歌曲播放。

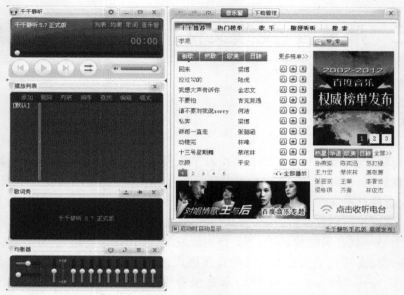

图 10-12 "千千静听"主界面

2.暴风影音播放视频文件

①从暴风影音官方网站上（http://www.baofeng.com/）下载暴风影音,双击安装程序图标,根据安装程序向导提示进行安装。

②双击启动如图 10-13 所示"暴风影音"窗口。"暴风影音"窗口主要由左边的"视频"窗口和右边的"播放列表"窗口组成。

图 10-13 "暴风影音"窗口

③单击左上角"暴风影音"按钮,选择"文件"菜单中的"打开文件"命令;或在"视频"

窗口中央单击"打开文件"按钮。

　　④在弹出的"打开"对话框中选择需要播放的视频文件,单击"打开"按钮。

任务六　阅读电子图书(Adobe Reader)

一、任务描述

　　选修课《艺术修养》安排了一次作业,要求同学们撰写一篇论文,题目是"葡萄酒与西方文化"。小王通过"中国知网(CNKI)中国期刊全文数据库",下载了大量文件扩展名为.pdf的论文参考资料,直接双击文件却不能正常打开,小王应该怎样办呢?

　　PDF 全称 Portable Document Format,是一种电子文件格式。Adobe Reader 是一款优秀的 PDF 文档阅读软件,用于打开和使用在 Adobe Acrobat 中创建的 Adobe PDF 的工具。虽然无法在 Reader 中创建 PDF,但是可以使用 Reader 查看、打印和管理 PDF 文件。在 Reader 中打开 PDF 文件后,可以使用多种工具快速查找信息。它是查看、阅读和打印 PDF 文件的最佳工具。

二、任务实施

用 Adobe Reader 打开、复制、打印 PDF 文档

　　①从 Adobe Reader 官网(http://www.adobe.com/downloads/)下载 Adobe Reader 简体中文版,双击安装程序图标,按照安装向导完成安装。

　　②双击 Adobe Reader 应用程序图标,启动"Adobe Reader"窗口。

　　③按照下面的操作打开 PDF 文档。

　　a.单击"文件"菜单,在下级子菜单中单击"打开"选项。

　　b.在弹出的"打开"对话框中选择需要阅读的 PDF 文件,单击"打开"按钮即可。

　　④按照下面的操作复制 PDF 文档内容。

　　a.单击"工具"菜单,在下级子菜单中单击"选择和缩放"子菜单。

　　b.在下级子菜单中单击"选择工具"选项,此时鼠标变成"I"形,按住鼠标左键不放,拖动选择需要复制的文字或图像。

　　c.在选中的文字或图象上单击鼠标右键,在弹出菜单中选择"复制"即可。

　　⑤按照下面的操作打印 PDF 文档。

　　a.单击"文件"菜单,在下级子菜单中单击"打印"选项。

　　b.在弹出的"打印"对话框中设置打印范围、页面处理等属性,单击"确定"即可打印输出。

任务七　刻录光盘(Nero)

一、任务描述

小王喜欢在网上下载电影观看,以致硬盘因为容量问题频频告急。小王不忍心删除这些影片,可怎样才能保留影片,以便后期随时观看?朋友建议小王把影片刻录成光盘,这样既可以长期保存,同时也节省了硬盘空间。

Nero 是一款光碟刻录软件,支持中文长文件名刻录,也支持 ATAPI(IDE)的光碟刻录机,可刻录多种类型的光碟片,是一个相当不错的光碟刻录程序。使用 Nero 可让用户以轻松快速的方式制作专属的 CD 和 DVD。不论刻录的资料是 CD,VCD,Super Video CD,还是 DVD,使用鼠标拖曳就可以很方便地激活刻录作业。

二、任务实施

1. 使用 Nero 刻录数据光盘

①双击 Nero 应用程序图标,启动如图 10-14 所示"Nero 开始页面"窗口。

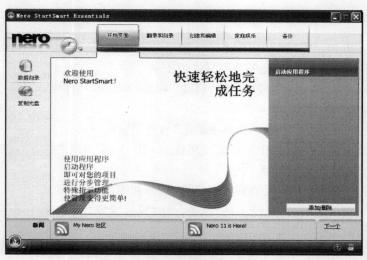

图 10-14　"Nero 开始页面"窗口

②单击"数据刻录"按钮,切换到如图 10-15 所示"刻录数据光盘"窗口。

③单击"添加"按钮添加需刻录的内容至列表,单击"刻录"按钮,即可进入数据光盘刻录。

图 10-15　"刻录数据光盘"窗口

任务八　翻译英文短文（金山词霸、有道）

一、任务描述

小王购买了一款原装进口的电子设备，用户手册是全英文版的，身边又没有英汉词典，小王应该怎么办呢？金山词霸、有道在线翻译这两款软件能够很好地解决这个问题。

金山词霸是一款免费的词典翻译软件。安装方便、容量巨大、功能强大、简单实用，它收录了 141 本版权词典，32 万真人语音，17 个场景 2 000 组常用对话，是上亿用户的必备选择。它最大的亮点是内容海量、权威，可在阅读英文资料、写作、邮件、口语、单词复习等多个方面使用它。最新版本除 PC 版外，还支持 Iphone，Ipad，Mac，Android，Symbian，Java 等。

有道在线翻译是即时免费在线翻译软件，支持中英、中日、中韩、中法互译，支持网页翻译，在输入框直接输入网页地址即可进入有道在线翻译。

二、任务实施

1. 金山词霸的基本使用

（1）安装金山词霸软件

从金山词霸官网（http://cp.iciba.com/）下载金山词霸，双击安装程序图标，按照安装向导完成安装。

（2）金山词霸的基本使用

双击金山词霸应用程序图标，启动如图 10-16 所示"金山词霸 2012"窗口。

图 10-16 "金山词霸 2012"窗口

● 单词查找:单击"词典"按钮,在查询框中输入需要查找的单词,单击"查一下"按钮即可进行查找。

● 词组查找:单击"句库"按钮,在查询框中输入需要查找的词组,单击"查一下"按钮即可进行查找。

● 短文翻译:单击"翻译"按钮,在第一个列表框中输入需要翻译的文字,单击中部的"中英自动翻译"下拉列表按钮选择翻译的类型,单击"翻译"按钮即可在第二个列表框中查看翻译的结果。

2.有道在线翻译的基本使用

(1)启动有道在线翻译

在 IE 浏览器中输入(http://fanyi.youdao.com/),启动如图 10-17 所示的"有道翻译"窗口。

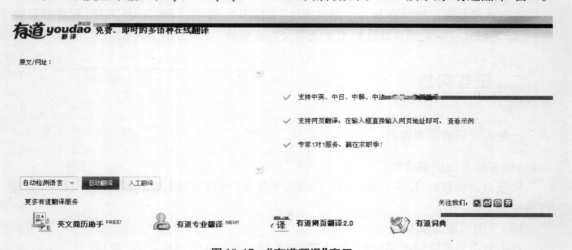

图 10-17 "有道翻译"窗口

（2）有道在线翻译的基本使用

在"原文/网址"文本框中录入需要翻译的文本,在"自动检测语言"下拉列表按钮中根据具体情况选择翻译的类型,单击"自动翻译"按钮即可在右边文本框中显示翻译的结果。

本章小结

（1）文件压缩的案例介绍了文件压缩工具 WinRAR 安装、快速压缩、快速解压的方法。

（2）删除文档恢复的案例介绍了利用数据恢复工具 EasyRecovery 实现磁盘诊断、数据恢复、文件修复、电子邮件修复。

（3）系统硬件检测的案例介绍了利用系统检测工具 Windows 优化大师进行"系统检测""系统优化""系统清理""系统维护"。

（4）系统备份和系统还原的案例介绍了硬盘备份工具 Ghost 的基本功能、基本菜单、基本操作。

（5）视频、音频文件播放的案例介绍了媒体播放工具"千千静听"、"暴风影音"的下载、窗口组成、基本使用等。

（6）打开 PDF 文件的案例介绍了利用电子图书阅读工具"Adobe Reader"打开 PDF 文档,复制 PDF 文档内容,打印 PDF 文档等。

（7）光盘刻录的案例介绍了光盘刻录工具"Nero"刻录数据光盘的基本操作。

（8）翻译工具基本使用的案例,主要介绍了利用"金山词霸"进行单词查找、词组查找、短文翻译等,同时还介绍了在线翻译工具"有道在线翻译"的基本使用。

实训 10-1　分卷压缩

【实训描述】

小王在某论坛上上传一些资料,在上传的过程中发现,论坛对上传文件的附件有限制,不能大于 2 MB,而小王的附件有 40 MB,如何解决这个问题呢? 小王遇到的问题,可以采用 WinRAR 压缩软件的分卷压缩。

【实训要求】

（1）熟练掌握 WinRAR 压缩软件的安装、设置;

（2）熟练运用 WinRAR 压缩软件进行分卷压缩。

实训 10-2　文件修复

【实训描述】

小王把《计算机基础》作业的 Word 文档直接保存到了 U 盘中,在文印室打印时发现作业的 Word 文档出现文件损坏的错误提示,不能正常打开,无法打印。对由于操作不当破坏后无法正常打开的 Office 系列文档,可以使用 EasyRecovery 软件进行文件修复。

【实训要求】

（1）熟练掌握 EasyRecovery 软件的安装、设置；

（2）熟练运用 EasyRecovery 软件进行 Office 系列文档的修复。

实训 10-3　文件加密

【实训描述】

小王有一些重要的文件，不希望其他人使用他的计算机时看到。小王应该怎样办呢？对于计算机中的 Office 系列文档，可以采用 Office 系列软件在"工具"菜单中提供了"文件加密"功能进行加密。而非 Office 系列文档的加密，只能通过第三方软件进行加密和解密。Windows 优化大师在安装后，在它的开始菜单程序组中就一个"文件加密"的程序，它是一个独立的程序，可以脱离 Windows 优化大师独立运行。

【实训要求】

（1）熟练掌握 Windows 优化大师的安装、设置；

（2）熟练运用 Windows 优化大师"文件加密"程序对文档加密、解密。